21 世纪高职高专电子信息类实用规划教材

数字电子技术基础

海 波 主 编

胡 静 鱼敏英 副主编

清华大学出版社
北 京

内 容 简 介

本书以知识性、实用性和先进性为宗旨,结合应用型人才培养目标和教学特点,优化课程结构,精炼教学内容,拓宽专业基础,特别注重实际应用能力的培养。

全书内容共分 9 章,分别介绍了数字逻辑基础、逻辑代数基础及逻辑门、组合逻辑电路、触发器、时序逻辑电路、脉冲波形的产生与整形、半导体存储器、数/模和模/数转换、数字系统分析与设计。其中第 9 章内容最具特色。本书是几位老师通过多年职业教育教学积累的经验,对数字逻辑电路课程体系、教学内容、教学方法和教学手段进行综合改革的具体成果。每章课后有针对性很强的习题,并附有参考答案(在本书课件中提供)以便学生自学。

本书既可以作为高职高专计算机科学与技术、通信、电子信息及自动化等专业的教材,也可以作为自学者的参考资料。

图书在版编目(CIP)数据

数字电子技术基础/海波主编;胡静,鱼敏英副主编. --北京:清华大学出版社,2013(2022.9 重印)
(21 世纪高职高专电子信息类实用规划教材)
ISBN 978-7-302-30210-0

Ⅰ. ①数⋯ Ⅱ. ①海⋯②胡⋯③鱼⋯ Ⅲ. ①数字电路—电子技术—高等职业教育—教材
Ⅳ. ①TN79

中国版本图书馆 CIP 数据核字(2012)第 228439 号

责任编辑: 李春明　桑任松
装帧设计: 杨玉兰
责任校对: 周剑云
责任印制: 宋　林
出版发行: 清华大学出版社
　　　　网　　　址: http://www.tup.com.cn, http://www.wqbook.com
　　　　地　　　址: 北京清华大学学研大厦 A 座　　　邮　　编: 100084
　　　　社 总 机: 010-83470000　　　　　　　　邮　　购: 010-62786544
　　　　投稿与读者服务: 010-62776969, c-service@tup.tsinghua.edu.cn
　　　　质量反馈: 010-62772015, zhiliang@tup.tsinghua.edu.cn
　　　　课件下载: http://www.tup.com.cn, 010-62791865

印 装 者: 三河市龙大印装有限公司
经　　销: 全国新华书店
开　　本: 185mm×260mm　　印　张: 12.75　　字　数: 307 千字
版　　次: 2013 年 1 月第 1 版　　　　　　印　次: 2022 年 9 月第 7 次印刷
定　　价: 35.00 元

产品编号: 045542-03

前　言

数字电子技术课程是电子、电气和计算机等专业必须开设的一门专业基础课。本书根据电子信息、电气自动化及计算机等相关专业教学大纲的要求，总结不同的高职高专院校从事多年教学的经验，还通过到工厂企业的广泛调研而编写的。本书在编写过程中，力求内容和结构均能充分体现高职高专"注重能力"培养的特点。本书的编写原则是知识点新、应用性强，有利于学生的实际应用能力的培养。

本书作为教材对应的教学学时为72～90学时，可以根据教学要求适当调整。本书具有以下特点：

(1) 本书反映了数字电子技术的新发展，重点介绍了数字电路的新技术和新器件。

(2) 本书重点介绍数字电路的分析方法和设计方法及常用集成电路的应用。在掌握分析方法和设计方法的前提下，对于数字集成电路的内部结构不进行过多的分析和繁杂的数学公式推导，力求简明扼要、深入浅出、通俗易懂。

(3) 本书在内容编排上力求顺序合理，逻辑性强，使学生更易学习和掌握。

(4) 教材正文与例题、习题紧密结合。例题是正文的补充，某些内容则有意让学生通过习题来掌握，以调节教学节律，利于理解深化。

(5) 本书可以作为模拟电子技术的后续教材，也可以单独使用。

(6) 课后习题针对性很强，且在课件中提供参考答案，有利于学生的自学，主要加强学生实际应用与创新方面的训练。

本书由海波担任主编，负责制定编写要求和详细的内容编写目录，并对全书进行统稿和定稿。胡静、鱼敏英老师任副主编。参加本书编写的人员均为长期从事数字电子技术教学的一线教师，具有丰富的教学经验。本书共分9章。第1～3章(2.1节除外)由鱼敏英老师编写；第4、5章由胡静老师编写；第6～9章由海波老师和闵卫锋老师编写。

本书由杨凌职业技术学院马安良教授主持审阅。马安良教授在百忙中认真细致地审阅全书，并提出了宝贵建议。还有大庆职业学院麻立秋老师为我们的编写工作付出了艰辛的劳动并且编写了第2章的第2.1节。本书的编写得到了兰州城市学院信息工程学院、杨凌职业技术学院和大庆职业学院等兄弟院校的大力支持和热情帮助。编者在此向为本书成功出版做出贡献的所有工作人员表示衷心的感谢。

由于数字逻辑技术发展迅速，加之作者水平有限，书中错误和疏漏之处在所难免，敬请读者批评指正。

编　者

目　　录

第 1 章

数字逻辑基础

教学目标

- 了解数字信号与模拟信号的区别
- 理解数字系统中信息的分类
- 熟练掌握常用的数制形式及转换
- 掌握编码的种类及方法
- 熟练掌握机器数的原码、反码、补码表示方法本章首先介绍了数字电子技术的分类和特点，数字电子技术与模拟电子技术的区别；然后讲述了数制与码制，数制间的相互转换，码制间的相互转换；最后讲解了机器数原码、反码、补码的表示方法。

1.1 数字电子技术和模拟电子技术的区别

1.1.1 数字信号和模拟信号

自然界中的电信号可以分为两大类，即模拟信号和数字信号。模拟信号是指在时间和数值上都是连续变化的信号。例如，电流、电压等物理量均属于模拟信号，还有收音机、电视机通过天线接收到的音频信号、视频信号，都是随时间作连续变化的物理量，电压信号在正常情况下不会突然跳变，如图1.1(a)所示。数字信号是指在时间和数值上都是离散的信号，如随时间不连续的、断续变化的电流、电压或电磁波，这种信号又称"离散"信号，如图1.1(b)所示。

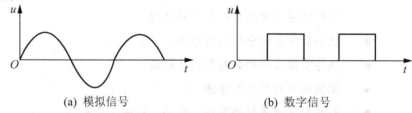

(a) 模拟信号	(b) 数字信号

图 1.1 模拟信号与数字信号

数字信号是表示数字量的信号，在两个稳定状态之间作阶跃式变化的信号，有电位型和脉冲型两种表示形式。用高低不同的电位信号表示"1"和"0"是电位型表示法；用有无脉冲表示"1"和"0"是脉冲型表示法。

1.1.2 数字电路

一般而言，用于处理模拟信号的电子电路，称为模拟电路。而用于处理数字信号的电子电路，则称为数字电路。数字电路主要研究数字信号的产生、转换、传送、存储、计数、运算等，使用越来越广泛。

数字电路与模拟电路相比有以下优点：

(1) 电路结构简单，容易制造，便于集成和系列化产生，成本低廉，使用方便。

(2) 由数字电路组成的数字系统，工作准确可靠，精度高。

(3) 不仅能完成数值运算，还可以进行逻辑运算和逻辑判断，因此，数字电路又称为数字逻辑电路，主要用于控制系统中。

数字电路这一系列优点，使它在计算机、自动控制、数字通信及仪器仪表等各个科学领域中得到广泛的应用。

1. 数字电路的特点

数字电路的特点如下：

(1) 数字电路均采用二进制数来传输和处理数字信号。

(2) 在数字电路中，用"1"表示高电平，用"0"表示低电平。

(3) 数字电路研究的是输出信号的状态与输入信号的状态之间的对应关系。

(4) 结构简单，便于集成，功能强大，使用方便。

(5) 易于存储、加密、压缩、传输和再现。

(6) 抗干扰性强，可靠性高，稳定性好。

2. 数字电路的分类

1) 按集成度划分

按集成度来划分，数字集成电路可分为小规模、中规模、大规模和超大规模等各种集成电路。

2) 按制作工艺划分

按制作工艺来划分，数字电路可分为双极型(TTL 型)电路和单极型(MOS 型)电路。双极型电路开关速度快，频率高，工作可靠，应用广泛。单极型电路功耗小，工艺简单，集成度高，易于大规模集成生产。

3) 按逻辑功能划分

按逻辑功能来划分，数字电路可分为组合逻辑电路和时序逻辑电路。组合逻辑电路的输出信号的状态只与当时输入信号状态的组合有关，而与电路前一时刻的输出信号状态无关，时序逻辑电路具有记忆功能，其输出信号的状态不仅与当时的输入信号状态的组合有关，而且与电路前一时刻输出信号的状态有关。

1.1.3　数字电子技术课程的学习方法

学生在学习过程中应注意以下几点。

1. 注意理解

理解是学习理工科知识的基础，在数字电子技术课程的学习过程中，学生一定要注意掌握基本概念、原理及分析、设计方法，这样才能对实际的数字电路进行分析，对实际的问题进行数字电路的设计。

2. 注重器件的外特性

对于数字电路中种类繁多的集成电路，其内部结构及工作过程理解起来很复杂，学生在学习时应将理解的重点放在器件的外特性和使用方法上，并能熟练地运用这些器件进行逻辑电路的设计。

3. 注重实践

在学习中，要求学生一定要重视实践环节，将每章安排的课题与实训内容通过实践认真完成。

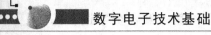

1.2 数制与码制

1.2.1 常用数制

在数字电路中，数字量的计算方法就是数制。常用的数制有二进制、八进制、十进制和十六进制。在生产实践中，人们习惯用十进制计数；而在数字电路中，应用最广泛的数制是二进制和十六进制。

下面一一进行介绍。

1. 二进制数

二进制数的基数是 2，采用两个基本数码 0 和 1。计数规律是"逢二进一"。任何一个二进制数都可以表示成以基数 2 为底的幂的求和式，各位权为 $2^0, 2^1, 2^2, \cdots$。

【例 1-1】 将二进制数 111010 按权展开。

解： $(111010)_2 = 1\times2^5 + 1\times2^4 + 1\times2^3 + 0\times2^2 + 1\times2^1 + 0\times2^0$

二进制数的表示方法可扩展到小数，小数点后的权值是以基数 2 为底的负次幂。例如，二进制数 1.11011 按权展开：$(1.11011)_2 = 1\times2^0 + 1\times2^{-1} + 1\times2^{-2} + 0\times2^{-3} + 1\times2^{-4} + 1\times2^{-5}$。

二进制数表示的优点如下：

(1) 二进制数只有 0 和 1 两个数字，很容易用电路元件的状态来表示，如二极管的通和断、三极管的饱和及截止、继电器的接通和断开、灯泡的亮和灭、电平的高和低等，这些都可以将其中的一个状态定义为 0，另一个状态定义为 1 来表示二进制数。这种表示简单可靠，所用元件少，存储和传输二进制数也很方便。

(2) 二进制运算规则与十进制运算规则相似，但要简单得多。

如两个一位十进制数相乘用"九九乘法"才能实现，而两个一位二进制数相乘只有 $0\times0=0$；$0\times1=0$；$1\times0=0$；$1\times1=1$ 这 4 种组合，用电路来实现更方便。

2. 八进制数

八进制数的基数是 8，采用 8 个数码 0～7。计数规律是"逢八进一"。八进制数各位的位权为 $8^0, 8^1, 8^2, \cdots$。

【例 1-2】 将八进制数 326.2 按权展开。

解： $(326.2)_8 = 3\times8^2 + 2\times8^1 + 6\times8^0 + 2\times8^{-1}$

3. 十六进制数

十六进制数的基数是 16。采用 16 个数码 0～9、A、B、C、D、E、F。其中 A～F 分别表示 10～15。计数规律是"逢十六进一"。十六进制数各位的位权为 $16^0, 16^1, 16^2, \cdots$。

十六进制数的表示法也可扩展到小数，小数点后的权值是以基数 16 为底的负次幂。例如，十六进制数 5.A5 按权展开：$(5.A5)_{16} = 5\times16^0 + 10\times16^{-1} + 5\times16^{-2} = 5.64453125$。

【例 1-3】 将十六进制数 8A.3 按权展开。

解： $(8A.3)_{16} = 8\times16^1 + 10\times16^0 + 3\times16^{-1}$

1.2.2 不同进制数的转换

1. 十进制数转换为二进制、八进制和十六进制数

转换方法：

(1) 十进制数除以基数(直到商为 0 为止)。

(2) 取余数倒读。

【例 1-4】 将十进制数 47 转换为二进制、八进制和十六进制数。

解：

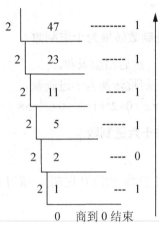

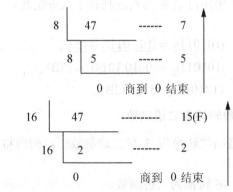

所以，$(47)_{10}=(101111)_2=(57)_8=(2F)_{16}$。

【例 1-5】 将十进制数 0.734375 转换为二进制和八进制数。

解：

(1)转换为二进制数。

首先用 0.734375×2=1.46875   (积的整数部分为 1，积的小数部分为 0.46875)

然后用 0.46875×2=0.9375   (积的整数部分为 0，积的小数部分为 0.9375)

继续用 0.9375×2=1.875   (积的整数部分为 1，积的小数部分为 0.875)

继续用 0.875×2=1.75   (积的整数部分为 1，积的小数部分为 0.75)

继续用 0.75×2=1.5   (积的整数部分为 1，积的小数部分为 0.5)

继续用 0.5×2=1 　　　　　　　　(积的整数部分为 1，积的小数部分为 0)

由于此时积的小数部分为 0，运算结束。将运算得到的整数部分按照顺序排列得二进制形式为：0.101111。

(2) 转换为八进制数。

首先用 0.734375×8=5.875 　(积的整数部分为 5，积的小数部分为 0.875)

然后用 0.875×8=7.0 　　　(积的整数部分为 7，积的小数部分为 0)

由于此时积的小数部分为 0，运算结束。将运算得到的整数部分按照顺序排列得八进制形式为：0.57。

注意：如果转换中乘积运算后小数部分不能为 0，这时一般会要求近似到某位，按照要求取近似值即可。

2. 二进制、八进制和十六进制数转换为十进制数

转换方法：首先按位权展开，然后相加求和。

【例 1-6】将例 1-1 中的二进制数转换为十进制数。

解：$(111010)_2=1\times2^5+1\times2^4+1\times2^3+0\times2^2+1\times2^1+0\times2^0=58$

3. 二进制数转换为八进制和十六进制数

转换方法：

(1) 将二进制数从右往左每 3 位为一组(八进制)、或每 4 位为一组(十六进制)。

(2) 不够添 0。

(3) 每组按二进制数转换。

【例 1-7】将二进制数 101011 转换为八进制和十六进制数。

解：具体做法如下：

$$(101011)_2 = (\underline{101}\ \underline{011})_2 = (53)_8$$
$$(101011)_2 = (\underline{0010}\ \underline{1011})_2 = (2B)_{16}$$
$$(101011)_2 = (53)_8 = (2B)_{16}$$

4. 八进制和十六进制数转换为二进制数

转换方法：将每位八进制数转换为 3 位二进制数码，同理将每位十六进制数转换为 4 位二进制数码。

【例 1-8】将八进制数 76 转换为二进制数。

解：$(76)_8=(111\ 110)_2$

【例 1-9】将十六进制数 17.36 转换为二进制数。

解：$(17.36)_{16}=(\underline{0001}\ \underline{0111}.\underline{0011}\ \underline{0110})_2=(10111.0011011)_2$

1.2.3　代码

在数字系统中，常将有特定意义的信息(如数字、文字、符号)用一定的二进制代码来表示。

1. BCD 码

二–十进制码(简称 BCD 码)，指的是用 4 位二进制数来表示一位十进制数 0～9。BCD 代码常用的表示法有 8421BCD 码、5421BCD 码、余 3 BCD 码等。

8421BCD 码，是将十进制数的每个数字符号用 4 位二进制数表示，每位都有固定的权，因此这种代码被称为有权码或加权码(Weighted Code)。按从左到右的顺序，各位的权分别为 $2^3(8)$、$2^2(4)$、$2^1(2)$、$2^0(1)$，这与普通二进制数中对权的规定是一样的，因此，8421BCD 码对十进制数 0～9 这 10 个数字符号的表示与普通二进制中表示完全一样。但要注意的是，8421BCD 码中不允许出现 1010～1111 这 6 个代码，因为十进制数 0～9 中没有哪个数字符号与它们相对应，因此将它们称为"伪码"。8421BCD 码和十进制数之间的转换可直接按位(或按组)转换。

【例 1-10】将十进制数 173 转换成 3 位 8421BCD 码。

解：将 173 中各位数分别转化成 8421BCD 码，然后按高位到低位依次由左到右排列，得$(0001\ 0111\ 0011)_{8421BCD}$。

【例 1-11】将 3 位 8421BCD 码 1001 0111 1000 转换成十进制数。

解：将$(1001\ 0111\ 1000)_{8421BCD}$中二进制形式的代码，由左至右每 4 位分成一组，得 1001、0111、1000，然后按组将它们化成十进制数 9、7、8，再由高到低排列得$(978)_{10}$。

按选取方式的不同，可以得到如表 1.1 所示常用的几种 BCD 编码。

表 1.1　常用的几种 BCD 编码

十进制数	8421 码	余 3 码	格雷码	2421 码	5421 码
0	0000	0011	0000	0000	0000
1	0001	0100	0001	0001	0001
2	0010	0101	0011	0010	0010
3	0011	0110	0010	0011	0011
4	0100	0111	0110	0100	0100
5	0101	1000	0111	1011	1000
6	0110	1001	0101	1100	1001
7	0111	1010	0100	1101	1010
8	1000	1011	1100	1110	1011
9	1001	1100	1101	1111	1100

2. 数的原码、反码和补码

在实际中，数有正有负，在计算机中人们主要采用两种方法来表示数的正负。第一种方法是舍去符号，所有的数字均采用无符号数来表示。这种办法虽然可以解决符号问题，但是同时缩小了计算机中可处理数的范围，因此，现在一般不采用。第二种符号处理方法就是符号数值化，在数字设备中对于"+"、"−"符号分别用"0"、"1"表示。带有符号的数有原码、反码和补码 3 种表现形式。

1) 原码

最高位符号位用 0 表示正数，用 1 表示负数，其余位用二进制数表示大小，这就是有符号数的原码形式。例如，用原码表示+74 和-31(用 8 位二进制数)。

首先写出 74 和 31 两个数的二进制表示形式，即

74	1	0	0	1	0	1	0
31	0	0	1	1	1	1	1

然后直接在最高位前加上表示符号的 0、1，即

74	0	1	0	0	1	0	1	0
-31	1	0	0	1	1	1	1	1

【例 1-12】 设 $x_{真值}=7$ ，$y_{真值}=-9$ ，求 $x_{原码}$ 和 $y_{原码}$ 的值。

解：因为 $x_{真值}=7$ ，$y_{真值}=-9$

所以 $x_{原码}=00111$ ，$y_{原码}=11001$

2) 反码

规定：正数的反码与原码形式相同；负数的反码符号位不变(为 1)，其余位逐位求反可得。例如，用反码表示+74 和-31 两个数字(用 8 位二进制数)。

因为正数的反码和原码是一样的，即

74	0	1	0	0	1	0	1	0

为了用反码表示-31，先写出+31 的原码表示，再按位依次取反即可。

31	0	0	0	1	1	1	1	1
-31	1	1	1	0	0	0	0	0

【例 1-13】 设 $x_{真值}=7$ ，$y_{真值}=-9$ ，求 $x_{反码}$ 和 $y_{反码}$ 的值。

解：因为 $x_{真值}=7$ ，$y_{真值}=-9$

所以 $x_{反码}=00111$ $y_{反码}=10110$

3) 补码

规定：正数的补码与反码形式相同；负数的补码是在反码的末位加 1 而得。

【例 1-14】 设 $x_{真值}=7$ ，$y_{真值}=-9$ ，求 $x_{补码}$ 和 $y_{补码}$ 的值。

解：因为 $x_{真值}=7$ ，$y_{真值}=-9$

所以 $x_{补码}=00111$ ，$y_{补码}=10111$

本 章 小 结

(1) 处理数字信号(用"0"和"1"表示)的电路为数字电路，数字电路的特点及学习方法需要掌握。

(2) 常用的数制有二进制、八进制、十进制和十六进制，掌握各种数制间的相互转化。

(3) 理解码制的概念，熟知 8421BCD 码、5421BCD 码、余 3 BCD 码的表示形式，掌握各种 BCD 码之间的转换方法及机器数原码、反码、补码的表示方法。

习　　题

一、选择题

1. $(3.5)_8$ 转换为二进制数为(　　)。

   A. 011.101　　　　B. 010.101　　　　C. 101.011　　　　D. 010.011

2. $(27)_{10}$ 的 8421BCD 码为(　　)。

   A. 00101111　　　B. 00100111　　　C. 11100111　　　D. 01110010

3. $(1000\ 0011\ 0101)_{8424BCD}$ 的十进制数为(　　)。

   A. 835　　　　　B. 825　　　　　C. 815　　　　　D. 528

二、填空题

1. 请完成下列数制的转换。

(1) $(184)_{10} = ($　　$)_2 = ($　　$)_8 = ($　　$)_{16}$

(2) $(25.7)_{10} = ($　　$)_2$

(3) $(11010)_2 = ($　　$)_8 = ($　　$)_{16} = ($　　$)_{10}$

(4) $(11.001)_2 = ($　　$)_8 = ($　　$)_{16} = ($　　$)_{10}$

2. 电信号分为两大类，分别为_____、_____。

三、简答题

1. 什么是数字信号？什么是模拟信号？

2. 数字电路和模拟电路相比有什么优点？

3. 常用的数制有哪些？

四、综合题

1. 写出下列二进制数的原码、反码和补码(用 8 位二进制数表示)。

(1) $(+1011)_2$；　(2) $(+00110)_2$；　(3) $(-1101)_2$；　(4) $(-00101)_2$

2. 试求 $(0011\ 0101\ 0111)_{8421BCD} = ($　　$)_{5421BCD}$。

第2章

逻辑代数基础及逻辑门

教学目标

- 理解逻辑、逻辑状态、逻辑变量、逻辑代数、逻辑表达式的基本概念
- 熟悉基本逻辑门和复合逻辑门符号；逻辑代数的基本定律和运算规则
- 熟练掌握逻辑函数的代数化简和卡诺图化简方法
- 熟悉集成芯片引脚排列、逻辑符号及其功能；各种门电路功能测试方法
- 掌握 TTL 门电路的几种特殊类型

本章以逻辑代数为基础，从实际使用的角度出发，以 3 种基本的逻辑门为分析对象，培养学生查阅相关资料，会读 TTL、CMOS 集成电路的型号，掌握集成电路的引脚功能，从而为学习逻辑电路的测试与制作方法奠定基础。

2.1 几个基本概念

2.1.1 逻辑

逻辑是指事物的前因和后果所遵循的规律。例如，说某位老师讲课的逻辑性很强，就是指这位老师把问题的前因和后果讲得清楚、严谨。

在日常生活和科学实践中大量存在着完全对立又相互依存的两个逻辑状态，如事物的"真"和"假"；开关的"通"和"断"；电位的"高"和"低"；脉冲的"有"和"无"；灯的"亮"和"灭"等，它们通常用逻辑"真"(True)和逻辑"假"(False)两个对立统一的逻辑值来表示，当其中一个逻辑状态为逻辑"真"时，另一个就规定为逻辑"假"。为简化起见，逻辑"真"通常用逻辑"1"来表示；逻辑"假"通常用逻辑"0"来表示。这里的逻辑"1"和逻辑"0"与二进制数"1"和"0"是完全不同的概念，它们不表示数量的大小，只代表逻辑状态。

2.1.2 逻辑电路

描述一个逻辑问题，要交代问题产生的条件及结果，表示条件的逻辑变量就是输入变量，表示结果的逻辑变量就是输出变量。用逻辑表达式来描述输入和输出变量之间的关系，这种逻辑表达式称为逻辑函数。

逻辑代数(又称布尔代数)是研究数字电路的一个数学工具，它研究数字电路的输出量和输入量之间的因果关系，因此，数字电路又可称为逻辑电路。逻辑电路就是能实现逻辑关系的电路。

2.2 基本逻辑关系

2.2.1 逻辑代数的 3 种运算

逻辑代数是描述事物逻辑关系的一种数学方法，在逻辑代数中的变量称为逻辑变量，它用字母 A、B、C、$\cdots$、X、Y、Z 等来表示。逻辑变量取值只有 0 和 1，而且 0 和 1 是表示两种相互对立的逻辑状态。

逻辑代数有 3 种基本运算："与"运算、"或"运算和"非"运算。

1. "与"运算

"与"逻辑电路模型如图 2.1 所示,只有当 A、B 两个串联开关全部闭合时,灯泡 Y 才会亮;相反地,只要 A、B 一个断开或者全部断开,灯泡就会熄灭。

如果用 1 表示灯亮和开关闭合,用 0 表示灯灭和开关断开,就可得到如表 2.1 所示的"与"逻辑的真值表。

表 2.1　"与"逻辑真值表

A　B	Y
0　0	0
0　1	0
1　0	0
1　1	1

由表 2.1 可知,"与"运算是指只有当决定事物结果的所有条件全部具备时,结果才会发生。"与"逻辑符号如图 2.2 所示。

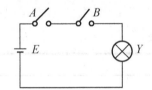

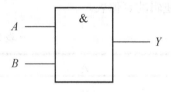

图 2.1　"与"逻辑电路模型　　　　　图 2.2　"与"逻辑符号

"与"运算(也称逻辑乘)的逻辑函数表达式为

$$Y = A \cdot B$$

"·"号也可省略。

2. "或"运算

"或"逻辑电路模型如图 2.3 所示,只要 A、B 两个并联开关有一个闭合时,灯泡 Y 就会亮;相反地,当 A、B 两个开关均断开时,灯泡 Y 就会灭。

如果用 1 表示灯亮和开关闭合,用 0 表示灯灭和开关断开,就可得到如表 2.2 所示的"或"逻辑真值表。

表 2.2　"或"逻辑真值表

A　B	Y
0　0	0
0　1	1
1　0	1
1　1	1

由表 2.2 可知,"或"运算是指当决定事物结果的几个条件中,只要有一个或一个以上条件得到满足,结果就会发生,这种逻辑关系称为"或"逻辑。"或"逻辑符号如图 2.4 所示。

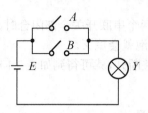

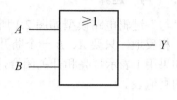

图 2.3　"或"逻辑电路模型　　　　　　　　　图 2.4　"或"逻辑符号

"或"运算的逻辑函数表达式为

$$Y = A + B$$

3. "非"运算

"非"逻辑电路模型如图 2.5 所示，图中 A 开关断开，灯就亮；相反地，A 开关闭合，灯就会灭。

如果用 1 来表示灯亮和开关闭合，用 0 表示灯灭和开关断开，则可得到如表 2.3 所示的"非"逻辑的真值表。

表 2.3　"非"逻辑真值表

A	Y
0	1
1	0

由表 2.3 可知，"非"运算是指在事件中，结果总是和条件呈相反状态，这种逻辑关系称为"非"逻辑。"非"逻辑符号如图 2.6 所示。

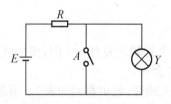

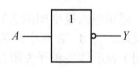

图 2.5　"非"逻辑电路模型　　　　　　　　图 2.6　"非"逻辑符号

"非"运算的逻辑函数表达式为

$$Y = \overline{A}$$

2.2.2　逻辑门电路

能够反映出输出(结果)和输入(条件)逻辑关系的电路称为逻辑门电路。基本的逻辑门电路有"与"门、"或"门和"非"门。在逻辑电路中，通常用电平的高、低来控制门电路。若用 1 代表高电平、0 代表低电平，称为正逻辑；若用 1 代表低电平、0 代表高电平，则称为负逻辑。本书在无特殊说明的情况下都采用了正逻辑。

各种逻辑门均可用半导体器件(如二极管、三极管和场效应管等)来实现。

1. "与"门

在逻辑电路中,能实现"与"逻辑运算的电路称为"与"门。图 2.7 所示是具有两个输入端的二极管"与"门电路。

由图 2.7 可知,当输入端 A、B 都处于高电平时(3V),两个二极管均导通,Y 端输出高电平(理想情况下为 3V);当输入端 A、B 有 1 个或全为低电平时(0V),与输入为低电平连接的二极管导通,输出 Y 被限定为低电平(理想情况下为 0V)。从分析可知,输入端全为高电平时,输出也为高电平,即"全 1 为 1";输入端有低电平时,输出为低电平,即"有 0 为 0",满足"与"逻辑的关系。

在"与"门电路中,若输入不同逻辑变量时可绘出"与"门电路波形如图 2.8 所示。

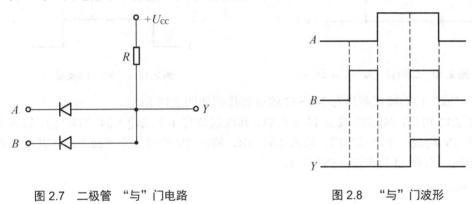

图 2.7　二极管"与"门电路　　　　　图 2.8　"与"门波形

TTL"与"门的集成芯片 74LS08 的引脚排列如图 2.9 所示。

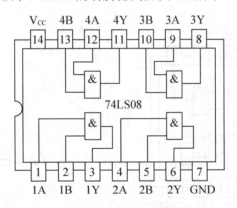

图 2.9　74LS08 引脚排列

由图 2.9 可知,74LS08 共有 14 个引脚,其内包含有 4 个二输入的"与"门,输入 1A、1B,输出 1Y 构成一个"与"门;输入 2A、2B,输出 2Y 构成一个"与"门;其余类推;引脚 7 接地;引脚 14 接电源(+5V)正极。

2. "或"门

在逻辑电路中,能实现"或"逻辑运算的电路称为"或"门。图 2.10 所示是具有两个输入端的二极管"或"门电路。

其分析方法和"与"门相类似，从图 2.10 所示的电路可知，输入端只要有一个处于高电平，则输出为高电平，即"有 1 为 1"；当输入端全为低电平时，输出为低电平，即"全 0 为 0"。满足"或"逻辑的关系。

在"或"门电路中，若输入不同逻辑变量时可绘出"或"门电路波形如图 2.11 所示。

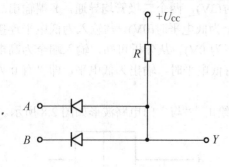

图 2.10 二极管"或"门电路

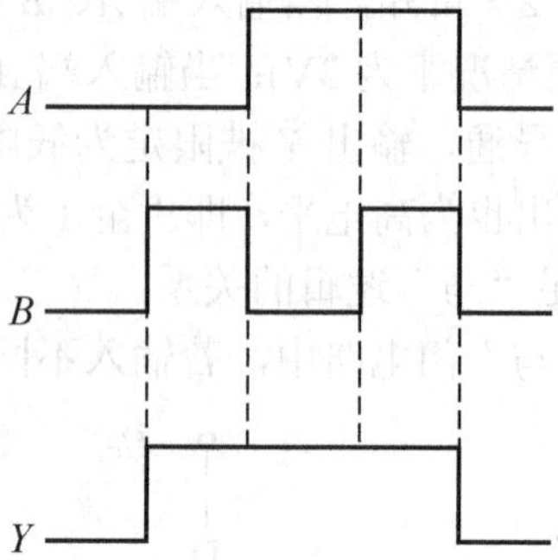

图 2.11 "或"门波形

TTL"或"门的集成芯片为 74LS32 的引脚排列如图 2.12 所示。

由图 2.12 可知，74LS32 共有 14 个引脚，其内包含有 4 个二输入的"或"门，输入 1A、1B，输出 1Y 构成一个"或"门；输入 2A、2B，输出 2Y 构成一个"或"门；其余类推，引脚 7 接地；引脚 14 接电源(+5V)正极。

3. "非"门

在逻辑电路中，能实现"非"逻辑运算的电路称为"非"门。图 2.13 所示是晶体三极管"非"门电路。

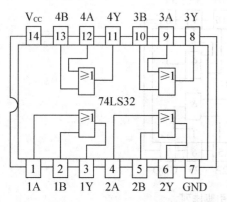

图 2.12 74LS32 引脚排列

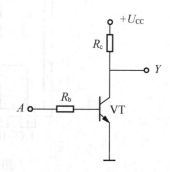

图 2.13 晶体三极管"非"门电路

从图 2.13 所示电路可知，输入端 A 如果处于高电平，因晶体管处于饱和状态，则输出为低电平，即"入 1 出 0"；当输入为低电平时，因晶体管处于截止状态，则输出为高电平，即"入 0 为 1"。满足"非"逻辑的关系。

在"非"门电路中，若输入不同逻辑变量时可绘出"非"门电路波形如图 2.14 所示。

TTL"非"门的集成芯片为 74LS04 的引脚排列如图 2.15 所示。

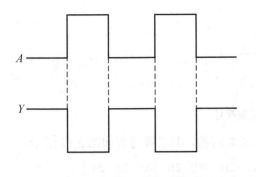

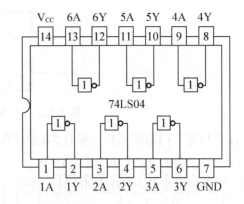

图 2.14　"非"门波形　　　　　　　图 2.15　74LS04 引脚排列

由图 2.15 可知，74LS04 共有 14 个引脚，其内包含有 6 个"非"门，输入 1A，输出 1Y 构成一个"非"门；输入 2A，输出 2Y 构成一个"非"门，其余类推；引脚 7 接地；引脚 14 接电源(+5V)正极。

2.3　复合逻辑运算

2.3.1　几种常见的复合逻辑运算

由 3 种最基本的逻辑运算 "与"、"或"、"非"组合而成的逻辑运算，称为复合逻辑运算。常见的复合逻辑运算有"与非"运算、"或非"运算、"与或非"运算、"异或"运算和"同或"运算等。

1. "与非"运算

"与非"逻辑函数表达式为

$$Y = \overline{A \cdot B}$$

"与非"逻辑的真值表如表 2.4 所示。

表 2.4　"与非"逻辑真值表

A　B	Y
0　0	1
0　1	1
1　0	1
1　1	0

由表 2.4 可知，"与非"逻辑关系为："有 0 出 1，全 1 出 0"。也可以推广到多输入变量的一般形式：$Y = \overline{A \cdot B \cdot C \cdot D \cdots}$。"与非"逻辑的逻辑符号如图 2.16 所示。

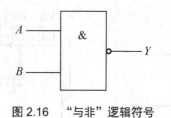

图 2.16   "与非" 逻辑符号

TTL "与非" 门集成芯片主要有 74LS00 和 74LS20 两种。其引脚排列如图 2.17 所示。

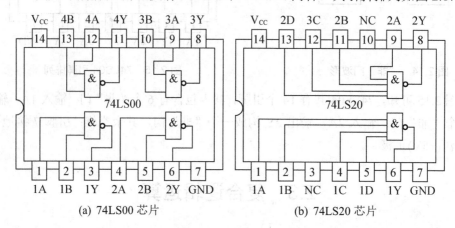

(a) 74LS00 芯片   (b) 74LS20 芯片

图 2.17   引脚排列

由图 2.17(a)可知，74LS00 共有 14 个引脚，其内包含有 4 个二输入的 "与非" 门，输入 1A、1B，输出 1Y 构成一个 "与非" 门；输入 2A、2B，输出 2Y 构成一个 "与非" 门，其余类推；引脚 7 接地；引脚 14 接电源(+5V)正极。

由图 2.17 (b)可知，74LS20 共有 14 个引脚，其内包含有两个四输入的 "与非" 门，输入 1A、1B、1C 和 1D，输出 1Y 构成一个 "与非" 门；输入 2A、2B、2C 和 2D，输出 2Y 构成另一个 "与非" 门；引脚 7 接地；引脚 14 接电源(+5V)正极；剩余的引脚 3 和引脚 10 为空引脚。

2. "或非" 运算

"或非" 逻辑函数表达式为：$Y = \overline{A+B}$，"或非" 逻辑关系的真值表如表 2.5 所示。

表 2.5   "或非" 逻辑真值表

A B	Y
0 0	1
0 1	0
1 0	0
1 1	0

由表 2.5 可知，"或非" 逻辑关系为："有 1 出 0，全 0 出 1"。也可以推广到多输入变量的一般形式：$Y = \overline{A+B+C+D\cdots}$。"或非" 逻辑的逻辑符号如图 2.18 所示。

常用的 TTL "或非" 门 74LS02 为 4 个二输入集成芯片,它的引脚排列如图 2.19 所示。

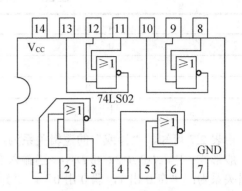

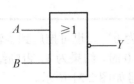

图 2.18　"或非" 逻辑符号　　　　　　图 2.19　74LS02 引脚排列

3. "同或" 运算

"同或" 逻辑函数表达式为

$$Y = A \odot B = \overline{A \oplus B} = AB + \overline{A}\,\overline{B}$$

"同或" 逻辑关系的真值表如表 2.6 所示。

表 2.6　"同或" 逻辑真值表

A　B	Y
0　0	1
0　1	0
1　0	0
1　1	1

由表 2.6 可知,"同或" 的逻辑关系为 "同为 1,异为 0"。也可推广到多输入变量的一般形式: $Y = A \odot B \odot C \odot D \cdots$。当输入变量中有奇数个 0 时,结果为 0,否则结果为 1。逻辑关系为 "奇 0 出 0,偶 0 出 1"。"同或" 逻辑的逻辑符号如图 2.20 所示。

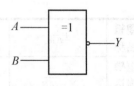

图 2.20　"同或" 逻辑符号

4. "异或" 运算

"异或" 逻辑函数表达式为

$$Y = A \oplus B = \overline{A}B + A\overline{B}$$

"异或" 逻辑关系的真值表如表 2.7 所示。

表 2.7　"异或"逻辑真值表

A　B	Y
0　0	0
0　1	1
1　0	1
1　1	0

由表 2.7 可知，"异或"的逻辑关系为："异为 1，同为 0"。也可推广到多输入变量的一般形式：$Y = A \oplus B \oplus C \oplus D \cdots$。当输入变量中有奇数个 0 时，结果为 1，否则结果为 0。逻辑关系为："奇 0 出 1，偶 0 出 0"。"异或"逻辑的符号如图 2.21 所示。

TTL "异或"门的集成芯片为 74LS86。其引脚排列如图 2.22 所示。

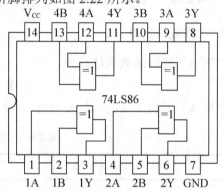

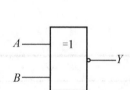

图 2.21　"异或"逻辑符号　　　　图 2.22　74LS86 引脚排列

由图 2.22 可知，74LS86 共有 14 个引脚，其内包含有 4 个二输入的"异或"门，输入 1A、1B，输出 1Y 构成一个"异或"门；输入 2A、2B，输出 2Y 构成一个"异或"门，其余类推；引脚 7 接地；引脚 14 接电源(+5V)正极。表 2.8 所示为几种常见的复合逻辑运算。

表 2.8　常见的复合逻辑运算表

逻辑名称	与非	或非	与或非	异或	同或
逻辑表达式	$Y = \overline{AB}$	$Y = \overline{A+B}$	$Y = \overline{AB+CD}$	$Y = A \oplus B$ $= \overline{A}B + A\overline{B}$	$Y = A \odot B$ $= AB + \overline{A}\,\overline{B}$
逻辑运算方法	先与后非	先或后非	先与再或后非	不同为 1 相同为 0	相同为 1 不同为 0
逻辑符号					
集成电路	74LS00	74LS02	74LS51	74LS86	

2.3.2　逻辑函数的表示方法

对于一个逻辑电路可以用逻辑函数表达式、逻辑真值表、逻辑图、波形图、卡诺图等方法来表示，同时这些表示方法之间还可以相互转换。

1. 逻辑函数表达式

用逻辑运算表示逻辑变量关系的代数式，称为逻辑函数表达式，如 $Y = \overline{AB}$、$Y = \overline{AB + CD}$ 等。每一个逻辑函数表达式都可以写成标准"与或"式，即最小项表达式。每个输入变量以原变量或反变量的形式必须且只出现一次的乘积项，称为该逻辑函数的一个最小项。n 个变量有 2^n 个最小项。为了表达和书写的方便，最小项通常用 m_i 来表示，下标 i 为最小项编号。3 个输入变量的最小项编号如表 2.9 所示。

表 2.9　3 个变量的最小项编号

最 小 项	变量取值 $A \quad B \quad C$	编　号
$\overline{A}\,\overline{B}\,\overline{C}$	0　0　0	m_0
$\overline{A}\,\overline{B}C$	0　0　1	m_1
$\overline{A}B\overline{C}$	0　1　0	m_2
$\overline{A}BC$	0　1　1	m_3
$A\overline{B}\,\overline{C}$	1　0　0	m_4
$A\overline{B}C$	1　0　1	m_5
$AB\overline{C}$	1　1　0	m_6
ABC	1　1　1	m_7

【例 2-1】将逻辑函数 $Y = A\overline{B}C + \overline{C}$ 写成最小项表达式。

解：
$$Y = A\overline{B}C + \overline{C}$$
$$= A\overline{B}C + A\overline{C} + \overline{A}\,\overline{C}$$
$$= A\overline{B}C + AB\overline{C} + A\overline{B}\,\overline{C} + \overline{A}B\overline{C} + \overline{A}\,\overline{B}\,\overline{C}$$
$$= m_5 + m_6 + m_4 + m_2 + m_0$$
$$= \sum m(0,2,4,5,6)$$

2. 逻辑真值表

用来描述逻辑函数各输入变量和输出之间逻辑关系的表格，称为逻辑真值表。

【例 2-2】已知函数的逻辑表达式为：$Y = A + B\overline{C}$，试列出相应的真值表。

解：(1) 根据输入变量的个数(n)来确定输入取值组合(2^n)。

(2) 将输入的取值代入逻辑函数，求出对应的输出值。

(3) 填写如表 2.10 所示的真值表。

表 2.10　例 2-2 的真值表

输　入 A　B　C	输　出 Y
0　0　0	0
0　0　1	0
0　1　0	1
0　1　1	0
1　0　0	1
1　0　1	1
1　1　0	1
1　1　1	1

3. 逻辑图

逻辑图是指用逻辑符号连接所构成的图形。例如，$Y = \overline{A}B + \overline{B}C$ 的逻辑图如图 2.23 所示。

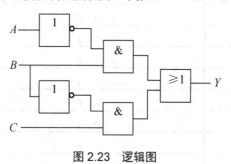

图 2.23　逻辑图

4. 波形图

波形图是指根据不同输入逻辑变量所画出对应输出的一系列波形。如前面所讲述的"与"、"或"、"非"门波形图。

5. 卡诺图

美国工程师卡诺(Karnaugh)率先提出把输入变量的各种取值组合所对应的输出函数值填入特殊的方格图中，即得到该逻辑函数的卡诺图。它是按照逻辑相邻(两个最小项只有一个变量不同，其余变量均相同)的最小项在几何位置上也相邻(上下或左右)的原则而排列的方格图。n 个变量有 2^n 个小方格。二、三、四变量的卡诺图的一般形式分别如图 2.24(a)、(b)、(c)所示。

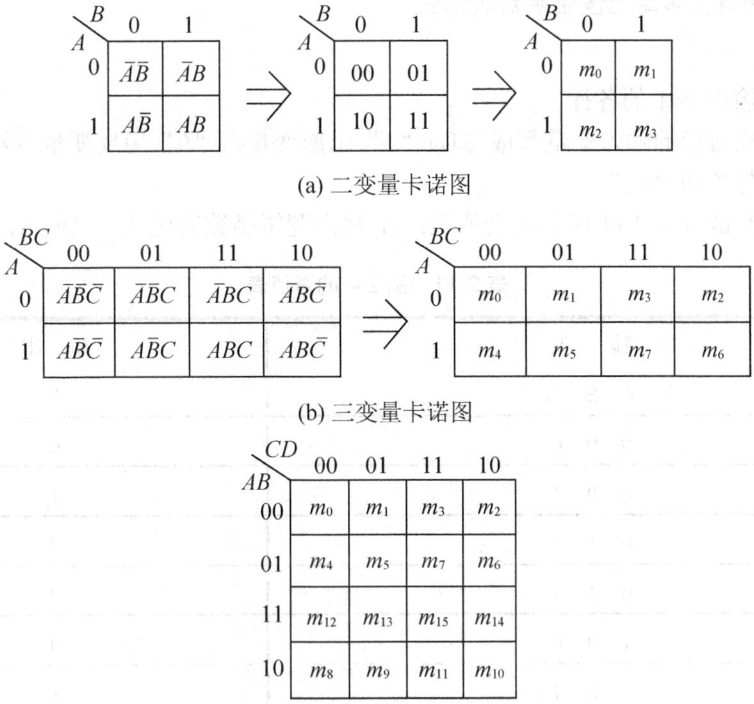

(a) 二变量卡诺图

(b) 三变量卡诺图

(c) 四变量卡诺图

图 2.24   卡诺图

2.3.3   逻辑函数表示方法间的相互转换

逻辑函数的 5 种表示方法之间有着密切的联系，均可进行相互转换。

1. 由逻辑函数表达式画出卡诺图

具体方法如下：

(1) 将逻辑函数表达式写成标准"与或"式。

(2) 表达式中出现的最小项在对应的卡诺图方格内填"1"；否则填"0"(或不填)。

【例 2-3】将逻辑函数 $Y = A\bar{B}C + \bar{C}$ 用卡诺图表示。

解： $Y = A\bar{B}C + AB\bar{C} + \bar{A}B\bar{C} + \bar{A}\bar{B}\bar{C} + A\bar{B}\bar{C}$

$\qquad = \sum m(0,2,4,5,6)$

画卡诺图如图 2.25 所示。

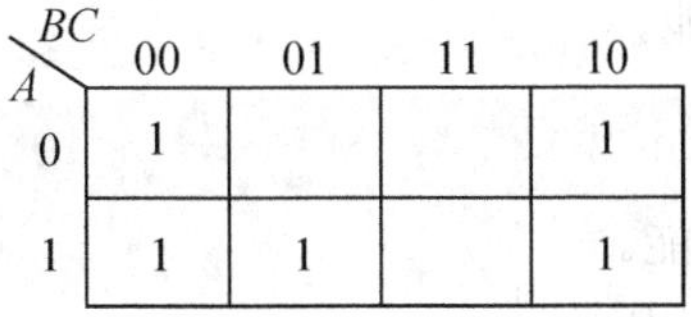

图 2.25   例 2-3 的卡诺图

2. 由逻辑真值表写出逻辑函数表达式

具体方法如下：

(1) 找到输出 $Y=1$ 的各行。

(2) 将对应每行的输入变量写成与项("1"用原变量、"0"用反变量表示)。

(3) 将各与项相"或"。

【例 2-4】试将表 2.11 所示的真值表：(1)写出逻辑函数表达式；(2)画出卡诺图。

表 2.11　例 2-4 的真值表

输　入			输　出
A	B	C	Y
0	0	0	0
0	0	1	1
0	1	0	0
0	1	1	0
1	0	0	0
1	0	1	1
1	1	0	0
1	1	1	0

解：(1) 根据逻辑真值表可写出逻辑函数表达式为：$Y = \overline{A}\,\overline{B}C + A\overline{B}C$。

(2) 根据逻辑真值表画出卡诺图如图 2.26 所示。

$\dfrac{BC}{A}$	00	01	11	10
0		1		
1		1		

图 2.26　例 2-4 的卡诺图

2.3.4　课题与实训 1："与非"门逻辑功能验证

1. 实训任务

验证"与非"门的逻辑功能。

2. 实训要求

(1) 熟悉 74LS00 各引脚功能。

(2) 按照测试要求完成测试内容。

3. 实训设备及元器件

(1) 数字电子技术学习机。

(2) 数字万用表。

(3) 74LS00(1 个)。

4. 测试内容

1) 测试电路

测试电路如图 2.27 所示。

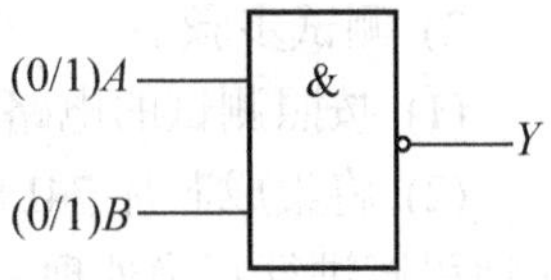

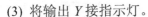

2) 测试步骤

(1) 按照测试的电路图连接电路。

(2) 将集成芯片 74LS00 的电源和接地引脚进行正确处理。

图 2.27　"与非"门测试电路

(3) 将输出 Y 接指示灯。

(4) 仔细检查连接电路,确认无误后接通电源。

(5) 根据测试结果填写"与非"门的逻辑功能表,如表 2.12 所示。

表 2.12　"与非"门逻辑功能表

输　入		输　出
A	B	Y
0	0	
0	1	
1	0	
1	1	

5. 测试结论

(1) 按照测试的内容撰写实训报告。

(2) 写出自己在测试过程中的疑难点,并说明自己是如何处理的。

2.3.5　课题与实训 2:"与或非"门逻辑功能验证

1. 实训任务

验证"与或非"门的逻辑功能。

2. 实训要求

(1) 熟悉 74LS08、74LS32 及 74LS04 各引脚功能。

(2) 按照测试要求完成测试内容。

3. 实训设备及元器件

(1) 数字电子技术学习机。

(2) 数字万用表。

(3) 74LS08(1 个)。

(4) 74LS32(1 个)。

(5) 74LS04(1 个)。

4. 测试内容

1) 测试电路

测试电路如图 2.28 所示。

2) 测试步骤

(1) 按照测试的电路图连接测试电路。

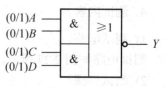

图 2.28　"与或非"门测试电路

(2) 将集成芯片 74LS08、74LS32 及 74LS04 的电源和接地引脚进行正确处理。

(3) 将输出 Y 接指示灯。

(4) 仔细检查连接电路，确认无误后接通电源。

(5) 根据测试结果填写"与或非"门的逻辑功能表，如表 2.13 所示。

表 2.13　"与或非"门逻辑功能表

输　入	输　出
A　B　C　D	Y
0　0　0　0	
0　0　0　1	
0　0　1　0	
0　0　1　1	
0　1　0　0	
0　1　0　1	
0　1　1　0	
0　1　1　1	
1　0　0　0	
1　0　0　1	
1　0　1　0	
1　0　1　1	
1　1　0　0	
1　1　0　1	
1　1　1　0	
1　1　1　1	

5. 测试结论

(1) 按照测试的内容撰写实训报告。

(2) 写出自己在测试过程中的疑难点，并说明自己是如何处理的。

2.4 逻辑代数的基本定律和运算规则

2.4.1 基本定律

逻辑代数根据 3 种基本的"与"、"或"和"非"运算可以推导出逻辑代数的基本定律和运算规则,如表 2.14 所示。这些定律可以通过真值表来进行证明。

表 2.14 逻辑代数的基本定律

定律名称	逻辑"与"	逻辑"或"
0-1 律	$A \cdot 1 = A$ $A \cdot 0 = 0$	$A + 1 = 1$ $A + 0 = A$
交换律	$A \cdot B = B \cdot A$	$A + B = B + A$
结合律	$A \cdot (B \cdot C) = (A \cdot B) \cdot C$	$A + (B + C) = (A + B) + C$
分配律	$A \cdot (B + C) = A \cdot B + A \cdot C$	$A + (B \cdot C) = (A + B) \cdot (A + C)$
互补律	$A \cdot \overline{A} = 0$	$\overline{A} + A = 1$
重叠律	$A \cdot A = A$	$A + A = A$
还原律	$\overline{\overline{A}} = A$	
反演律	$\overline{AB} = \overline{A} + \overline{B}$	$\overline{A + B} = \overline{A} \cdot \overline{B}$
吸收律	$A \cdot (A + B) = A$ $(A + B)(A + \overline{B}) = A$ $A(\overline{A} + B) = AB$	$A + AB = A$ $A + \overline{A}B = A + B$ $AB + \overline{A}C + BCD = AB + \overline{A}C$

【例 2-5】用真值表证明摩根定律 $\overline{AB} = \overline{A} + \overline{B}$。

证明:列出如表 2.15 所示的真值表。

表 2.15 例 2-5 的真值表

$A \quad B$	$\overline{AB}$	$\overline{A} + \overline{B}$
0 0	1	1
0 1	1	1
1 0	1	1
1 1	0	0

从表 2.14 可知,等式的左边和右边在变量 A、B 的不同取值下结果完全相同,可以证明摩根定律成立。

2.4.2 基本定则

1. 代入规则

代入规则是指在任何一个逻辑等式中，如果将等式两边的同一变量(比如 A)都用一个函数 Y 代替，则等式仍然成立。

例如，在等式 $\overline{AB} = \overline{A} + \overline{B}$ 中，若用 $Y=BC$ 来代替等式中的 B，根据摩根定律有：

左边= $\overline{A(BC)} = \overline{A} + \overline{BC} = \overline{A} + \overline{B} + \overline{C}$

右边= $\overline{A(BC)} = \overline{A} + \overline{BC} = \overline{A} + \overline{B} + \overline{C}$

显然，等式仍然成立。

2. 反演规则

反演规则是指对于一个逻辑函数 Y，如果将函数中所有"·"换成"+"，"+"换成"·"；"0"换成"1"，"1"换成"0"；原变量换成反变量，反变量换成原变量，则所得到的逻辑函数表达式就是逻辑函数 Y 的反函数，记作"$\overline{Y}$"。

注意：运算的先后顺序为，先括号内，然后按先"与"再"或"的顺序变换，而且两个及两个以上变量的"非"号应保持不变。

例如，若已知函数 $Y = \overline{A + B \cdot \overline{B} + \overline{C}}$，求出其反函数为：$\overline{Y} = \overline{A}\overline{B} + \overline{B}\overline{C}$。

3. 对偶规则

对偶规则是指对于一个逻辑表达式 Y，如果将函数 Y 中的"·"换成"+"，"+"换成"·"，"0"换成"1"，"1"换成"0"，就可得到函数 Y 的对偶函数，记作"Y'"。

例如，已知函数 $Y = A + BC$，求出函数 Y 的对偶式为：$Y' = A \cdot (B + C)$。

2.5 逻辑函数的化简

通过一定的方法将逻辑函数表达式进行化简，化简后的表达式所构成的逻辑电路，不仅可节省电路中的元器件，降低成本，还能提高工作电路的可靠性。逻辑函数常用的化简方法有代数化简法和卡诺图化简法。化简时必须将逻辑函数表达式化为最简式，即逻辑函数中的乘积项最少，且每个乘积项中的变量个数为最少。

2.5.1 代数化简法

1. 并项法

利用公式 $A + \overline{A} = 1$，将两项合并为一项，并消去一个变量。例如：

$$Y = \overline{ABC} + \overline{AB\overline{C}} = \overline{AB}(C + \overline{C}) = \overline{AB}$$

21世纪高职高专电子信息类实用规划教材

2. 吸收法

利用公式 $A + AB = A$，吸收多余项。例如：

$$Y = \overline{A}B + \overline{A}BC(D + E) = \overline{A}B$$

3. 消去法

利用公式 $A + \overline{A}B = A + B$，消去多余因子。例如：

$$Y = AB + \overline{A}C + \overline{B}C = AB + C(\overline{A} + \overline{B})$$
$$= AB + \overline{AB}C$$
$$= AB + C$$

4. 配项法

利用公式 $A + \overline{A} = 1$，增加必要的因子，然后再同其他项的因子进行化简。例如：

$$Y = AB + \overline{A}\overline{C} + B\overline{C}$$
$$= AB + \overline{A}\overline{C} + (A + \overline{A})B\overline{C}$$
$$= AB + \overline{A}\overline{C} + AB\overline{C} + \overline{A}B\overline{C}$$
$$= AB(1 + \overline{C}) + \overline{A}\overline{C}(1 + B)$$
$$= AB + \overline{A}\overline{C}$$

解题时没有特定的模式，而是综合运用上述方法进行化简，才能得到最简结果。

【例 2-6】化简函数 $Y = AD + A\overline{D} + AB + \overline{A}C + BD$。

解：$Y = AD + A\overline{D} + AB + \overline{A}C + BD$
$$= A(D + \overline{D} + B) + \overline{A}C + BD$$
$$= A + \overline{A}C + BD$$
$$= A + C + BD$$

2.5.2 卡诺图化简法

采用公式化简法化简逻辑函数时，不仅要求熟练掌握逻辑代数的基本定律和规则，而且还需要有一定的经验和技巧，即便如此，往往也很难确定是否为最简的化简结果。由此提出了卡诺图化简法，它能较为方便地得到逻辑函数的最简"与或"式。

1. 卡诺图化简方法

逻辑函数卡诺图化简法是依据公式 $AB + A\overline{B} = A$，将两个最小项合并，从而消去形式上不同的变量。具体方法如下：

(1) 画出逻辑函数的卡诺图。

(2) 画卡诺圈。即圈"1"，将满足 2^m 个相邻项为"1"的方格圈起来；卡诺圈必须尽可能大；卡诺圈的个数尽可能少。

(3) 读结果。将卡诺圈中最小项的共有变量(与项)保留，把所有与项相"或"即得到化简结果。

【例 2-7】用卡诺图化简逻辑函数 $Y = \sum m(1,3,4,6,9,11,12,14)$ 。

解: 画卡诺图如图 2.29 所示。

从图 2.29 可知,共有两个卡诺圈。每个卡诺圈合并的结果分别为 $\overline{B}D$、$B\overline{D}$,所以逻辑函数化简的结果为 $Y = \overline{B}D + B\overline{D}$ 。

【例 2-8】用卡诺图化简逻辑函数 $Y = \sum m(1,5,6,7,11,12,13,15)$ 。

解: 画卡诺图如图 2.30 所示。

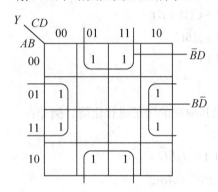

图 2.29　例 2-7 的卡诺图

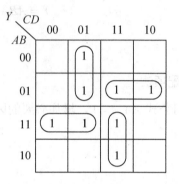

图 2.30　例 2-8 的卡诺图

从图 2.30 可知,逻辑函数化简的结果为 $Y = AB\overline{C} + \overline{A}CD + \overline{A}BC + ACD$ 。

在卡诺图化简时应注意以下几个问题:

(1) 画卡诺圈时,小方格中的“1”不可漏掉。

(2) 每个卡诺圈至少有一个“1”不被别的卡诺圈使用,否则该圈多余。

(3) 用卡诺图化简所得到的最简“与或”式结果往往不唯一。

2. 具有约束项的卡诺图化简

在实际应用中,有些变量的取值是不允许、不可能出现的,这些变量取值所对应的最小项就是约束项。约束项的意义是:它的值可以取“0”,也可以取“1”,具体取何值应该根据使逻辑函数化简更有益这个原则来确定。具有约束项的卡诺图化简方法如下:

(1) 画逻辑函数的卡诺图。

(2) 在卡诺图中填入约束项(约束项用“×”来表示)。

(3) 画卡诺圈(能使结果更简化将约束项看作“1”,否则看作“0”)。

(4) 写出化简结果。

【例 2-9】用卡诺图化简逻辑函数 $Y = \sum m(0,1,4,6,9,13) + \sum d(3,5,7,11,15)$ 。

解: 画卡诺图如图 2.31 所示。

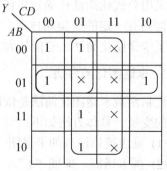

图 2.31　例 2-9 的卡诺图

画卡诺圈后得到逻辑函数表达式为：$Y = D + \overline{AB} + \overline{AC}$。

约束条件为：$\sum d(3,5,7,11,15) = 0$。

2.6　集成门电路

在数字技术领域里，大量地使用数字集成电路。集成门电路是把基本门电路通过一定工艺集成在一块硅片上制作而成。集成门电路主要包括 TTL、CMOS 系列集成门电路。对于集成门电路，主要讨论它的外部特性、逻辑功能及主要参数，以便于应用。

2.6.1　常用的 TTL 集成门

TTL 集成门电路，是指晶体管-晶体管逻辑(Transistor-transistor Logic)门电路，它的内部各级均由晶体管构成。因为它的开关速度较高，因此成为目前使用较多的一种集成逻辑门。集成门电路一般为双列直插式塑料封装，如图 2.32 所示。

常用的 TTL 集成门有"与"门、"非"门、"与非"门、"异或"门等。本小节重点介绍集电极开路(OC)门。

OC(Open Collector)门是常用的一种特殊门。在使用一般 TTL 门时，输入端是不允许长久接地，不允许与电源短接，不允许两个或两个以上 TTL 门的输出端并联起来使用，否则会有一个大电流长时间流过烧毁电路。因此专门设计了一种特殊的 TTL 门电路——OC 门，它能够克服上述缺陷。TTL OC 门的集成芯片 74LS03 的引脚排列如图 2.33 所示。

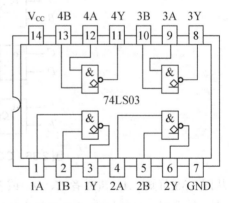

图 2.32　TTL 系列芯片封装　　　　图 2.33　74LS03 引脚排列

由图 2.33 可知，74LS03 共有 14 个引脚，其内包含有 4 个二输入的 OC 门，输入 1A、1B，输出 1Y 构成一个 OC 门；输入 2A、2B，输出 2Y 构成一个 OC 门，其余类推；引脚 7 接地；引脚 14 接电源(+5V)正极。

1. TTL OC 门电路及逻辑符号

图 2.34 所示是 OC 门的电路，在电路中，输出管 VT_5 的集电极开路，因此叫作 OC(集电极开路)门。OC 门也具有"全高出低；有低出高"的逻辑关系，只是它的输出端必须外接上拉电阻 R_L 及外接电源 U_{CC}。

图 2.35 所示是 OC 门的逻辑符号。

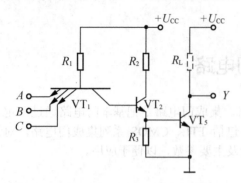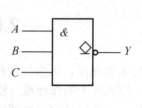

图 2.34　OC 门的电路　　　　　　　　　　图 2.35　OC 门的逻辑符号

2. TTL OC 门的应用

OC 门指的是集电极开路的门电路，能够实现"线与"功能。"线与"是指将几个 OC 门的输出端直接连接到同一根输出线上，从而使各输出端之间实现"与"的逻辑关系。图 2.36 所示为 3 个 OC 门的连接，实现了"线与"逻辑。

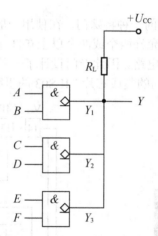

图 2.36　OC 门"线与"逻辑

从图 2.36 可知，A、B(或者 C、D，或者 E、F)输入为全 1，则相应输出端 Y_1(或 Y_2，或 Y_3)就会是低电平，总的输出端 Y 也就为低电平；只有 3 个 OC 门的输入中都有低电平，总的输出 Y 才为高电平。用逻辑函数表示为

$$Y = \overline{AB + CD + EF} = \overline{AB} \cdot \overline{CD} \cdot \overline{EF} = Y_1 Y_2 Y_3$$

因此，OC"与非"门的线与可用来实现"与或非"逻辑功能。总的输出 Y 为 3 个 OC 门单独输出 Y_1、Y_2 和 Y_3 的"与"。

2.6.2　TTL 集成门电路使用注意事项

使用 TTL 集成门电路时，应该注意以下事项：

(1) 电源电压(U_{CC})应在 4.5～5.5V 的范围之内。

(2) TTL 的输出端一般不能并联使用，也不可以直接和电源或地线相连，因为这样容易损坏元器件。

(3) TTL 门多余输入端的处理。"与非"门一般可以接电源，通过电阻后接电源，与使用的输入端并联；"或非"门一般可以接地，通过电阻后接地，与使用的输入端并联。

2.6.3　常用的 CMOS 集成门

CMOS 电路也称为互补 MOS 电路，因为具有静态功耗低、抗干扰能力强、工作稳定性好等特点，近年来成为应用较广泛的另一种电路。

1. CMOS "与非" 门

CMOS "与非" 门的集成芯片为 CD4011。其引脚排列如图 2.37 所示。

由图 2.37 可知，CD4011 共有 14 个引脚，其内包含有 4 个二输入的 "与非" 门，输入 1A、1B，输出 1Y 构成一个 "与非" 门；输入 2A、2B，输出 2Y 构成一个 "与非" 门，其余类推；引脚 7 接地；引脚 14 接电源(+5V)正极。

2. CMOS "非" 门

CMOS "非" 门的集成芯片 CD40106 的引脚排列如图 2.38 所示。

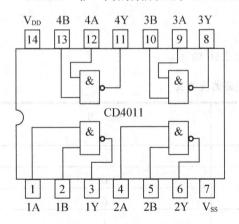

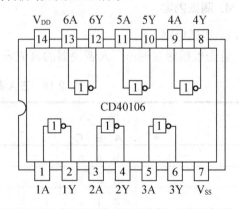

图 2.37　CD4011 引脚排列　　　　　图 2.38　CD40106 引脚排列

由图 2.38 可知，CD40106 共有 14 个引脚，其内包含有 6 个 "非" 门，输入 1A，输出 1Y 构成一个 "非" 门；输入 2A，输出 2Y 构成一个 "非" 门，其余类推；引脚 7 接地；引脚 14 接电源(+5V)正极。

2.6.4 CMOS 集成门电路使用注意事项

TTL 门电路的使用注意事项对于 CMOS 门电路一般也适用，因 CMOS 门电路的自身原因，所以还须注意以下几点：

(1) 谨防静电。存放 CMOS 电路要用金属盒屏蔽。

(2) 多余输入端的处理。CMOS 电路的输入阻抗高，容易受到外界的干扰，所以多余的输入端不允许悬空。"与非"门接电源；"或非"门接地。

2.6.5 课题与实训 3：多数表决器电路的功能测试

1. 实训任务

用"与非"门实现多数表决器电路的功能测试。

2. 实训要求

(1) 熟悉 74LS00 各引脚功能。

(2) 按照测试要求完成测试内容。

3. 实训设备及元器件

(1) 数字电子技术学习机。

(2) 数字万用表。

(3) 74LS00(1 个)。

4. 测试内容

1) 测试电路

首先根据题意列出三人表决器的真值表，如表 2.16 所示。

表 2.16 三人表决器电路的真值表

输　　入			输　　出
A	B	C	Y
0	0	0	0
0	0	1	0
0	1	0	
0	1	1	1
1	0	0	
1	0	1	1
1	1	0	1
1	1	1	

然后根据表 2.16 可得到逻辑函数表达式为

$$Y = \overline{A}BC + A\overline{B}C + AB\overline{C} + ABC$$

化简后有

$$Y = AC + AB + BC$$

用"与非"门来实现，可将逻辑函数表达式进行以下变换，即

$$Y = \overline{\overline{AC + AB + BC}}$$
$$= \overline{\overline{AB} \cdot \overline{AC} \cdot \overline{BC}}$$

由此可得测试电路如图 2.39 所示。

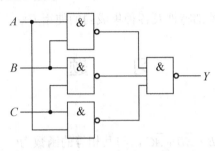

图 2.39　三人表决器电路

2) 测试步骤

(1) 按照测试的电路图连接测试电路，同时将输出端 Y 接 LED 指示灯。

(2) 仔细检查连接电路，确认无误后接通电源。

(3) 通过改变输入状态(A、B、C)，观察输出端 Y 状态。

(4) 根据测试结果填写三人表决器电路的功能表，如表 2.17 所示。

表 2.17　三人表决器电路的功能表

输　　入	输　　出	
A　B　C	指示灯的状态	Y
0　0　0		
0　0　1		
0　1　0		
0　1　1		
1　0　0		
1　0　1		
1　1　0		
1　1　1		

5. 测试结论

(1) 按照测试的内容撰写实训报告。

(2) 写出自己在测试过程中的疑难点，并说明自己是如何处理的。

本 章 小 结

(1) 常用的逻辑门电路有"与"门、"或"门、"非"门、"与非"门和"或非"门等，表示逻辑电路的方法有逻辑函数表达式、真值表、卡诺图、波形图和逻辑电路图。

(2) 逻辑代数的基本定律和运算法则。

(3) 逻辑函数的两种化简方法，即公式化简法和卡诺图化简法；在实际应用中经常采用卡诺图化简法。

(4) 掌握集成门电路的外部特性及各种集成门的使用方法。

习　　题

一、选择题

1. 已知逻辑函数 $Y = AB + \overline{A}B + \overline{A}C$，与其相等的函数为(　　)。

　　A. AB　　　　　　B. $B + \overline{A}C$　　　　C. $AB + \overline{B}C$　　　　D. $AB + C$

2. 为实现"线与"逻辑功能，应选用(　　)。

　　A. OC门　　　　B. "与"门　　　　C. "或"门　　　　D. "异或"门

3. 具有"相同为 0，相异为 1"功能的逻辑门为(　　)。

　　A. OC门　　　　B. "与"门　　　　C. "或"门　　　　D. "异或"门

二、填空题

1. 逻辑代数有 3 种基本运算，即_____、_____和_____。

2. 每一个输入变量有_____、_____两种取值，n 个变量有_____个不同的取值组合。

3. 任意一种取值全体最小项的和为_____。

三、简答题

1. 什么是逻辑门电路？基本的逻辑门电路有哪几种？

2. 什么是 TTL 集成门电路？有什么特点？在使用 TTL 门电路时，能否将输入端悬空？为什么？

3. 什么叫线与？哪种门电路可以实现线与？

四、综合题

1. 用真值表证明下列运算。

(1) $A \oplus 1 = \overline{A}$

(2) $A \oplus A = 0$

2. 试列出具有 4 个输入变量的"或"逻辑 $Y = AB + CD$ 的真值表。

3. 某逻辑电路有 3 个输入：A、B 和 C，当输入不相同时，输出为 1，否则输出为 0。列出此逻辑事件的真值表，写出逻辑表达式。

21世纪高职高专电子信息类实用规划教材

4．试画出用"与非"门构成具有下列逻辑关系的逻辑电路图。

(1) $Y = \overline{A}$

(2) $Y = AB + \overline{A}\overline{B}$

5．采用公式法化简下列逻辑函数。

(1) $Y = (\overline{A} + \overline{B})C + AB$。

(2) $Y = AB + A\overline{B} + \overline{A}\overline{B} + \overline{A}B$。

(3) $Y = A\overline{C} + ABC + AC\overline{D} + CD$。

(4) $Y = A\overline{B} + (\overline{A}CD + \overline{\overline{AD} + \overline{BC}})(\overline{A} + B)$。

6．采用卡诺图法化简下列逻辑函数。

(1) $Y_{(A,B,C)} = \sum m(2,3,6,7)$。

(2) $Y = ABC + ABD + \overline{C}\,\overline{D} + A\overline{B}C + \overline{A}C\overline{D} + A\overline{C}D$。

(3) $Y = BC + \overline{A}C + CD + A\overline{B}$。

(4) $Y = \overline{A}C + \overline{A}B$ （约束条件为 $AB+AC=0$）。

(5) $Y_{(A,B,C,D)} = \sum m(3,5,6,7,10) + \sum d(0,1,2,4,8)$。

7．写出如图 2.40 所示逻辑电路的逻辑函数表达式。

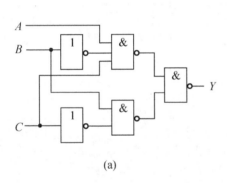

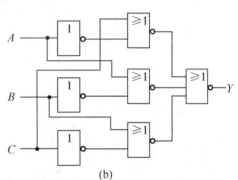

(a)　　　　　　　　　　(b)

图 2.40　7 题逻辑电路

8．写出下列逻辑函数的对偶式 Y' 及反函数 $\overline{Y}$。

(1) $Y = \overline{A + \overline{B + \overline{\overline{C}}}}$。

(2) $Y = (A + \overline{B})(\overline{A} + B)(B + C)(\overline{A} + C)$。

9．写出下列逻辑函数的最小项表达式。

(1) $Y = A\overline{B}CD + BCD + \overline{A}D$。

(2) $Y = \overline{A}BC + \overline{A}B + BC$。

第 3 章

组合逻辑电路

教学目标

- 掌握编码器、译码器、数据选择器的扩展应用
- 熟悉集成编码器、译码器及数据选择器芯片引脚、逻辑符号及功能表
- 理解编码器、译码器、数据选择器和加法器的定义
- 掌握组合逻辑电路的分析和设计方法

本章是在理论教学的基础上，从实际使用的角度出发，以各种组合逻辑器件为分析对象，教会学生主动查阅相关资料，能读懂集成电路的型号并明确引脚功能，能对各种组合逻辑电路进行测试与制作。最大限度地培养学生适应社会的能力。

3.1 组合逻辑电路的分析与设计

前面介绍了基本逻辑门，但是在实际应用中，大多数逻辑电路是将基本的逻辑门组合而成。组合逻辑电路，是指电路任何时刻的输出状态只由同一时刻的输入状态决定，而与输入信号作用前电路的输出状态无关。组合逻辑电路的特点是：①输出与输入之间没有反馈；②电路不具有记忆功能；③电路在结构上是由基本门电路组成。组合逻辑电路框图如图 3.1 所示。

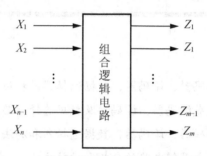

图 3.1 组合逻辑电路框图

从图 3.1 可知，它有 n 个输入端，m 个输出端。对于输出端的状态，仅决定于此刻 n 个输入端的状态。输出与输入之间的关系可用 m 个逻辑函数式来进行描述，即

$$Z_1 = f_1(x_1, x_2, \cdots, x_n)$$
$$Z_2 = f_2(x_1, x_2, \cdots, x_n)$$
$$\vdots$$
$$Z_m = f_m(x_1, x_2, \cdots, x_n)$$

每个输入、输出变量只有"0"和"1"两个逻辑状态，因此 n 个输入变量有 2^n 种不同的输入组合，把每种输入组合下的输出状态列出来，就构成描述组合逻辑的真值表。

若组合电路只有一个输出量，该电路称为单输出组合逻辑电路；若组合电路有多个输出量，则该电路称为多输出组合逻辑电路。

3.1.1 组合逻辑电路的分析

组合逻辑电路的分析，是指根据已知的逻辑电路来确定该电路的逻辑功能，或者检查电路的设计是否合理。

组合逻辑电路分析的步骤如下：

(1) 根据已知的逻辑电路图，利用逐级递推的方法，得出逻辑函数表达式。

(2) 化简逻辑函数表达式(利用公式法或卡诺图法)。

(3) 列出真值表。

(4) 说明电路的逻辑功能。

【例 3-1】分析图 3.2 所示组合逻辑电路的功能。

解：(1) 根据逻辑电路图写出逻辑表达式为

$$Y_1 = \overline{AB}$$

$$Y_2 = \overline{A \cdot Y_1} = \overline{A \cdot \overline{AB}} = \overline{A \cdot \overline{B}}$$

$$Y_3 = \overline{Y_1 \cdot \overline{B}} = \overline{\overline{AB} \cdot B} = \overline{\overline{A} \cdot B}$$

$$Y = \overline{Y_2 \cdot Y_3}$$

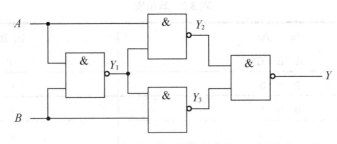

图 3.2　组合逻辑电路

(2) 化简逻辑函数表达式

$$Y = \overline{Y_2 \cdot Y_3} = \overline{\overline{A \cdot \overline{B}} \cdot \overline{\overline{A} \cdot B}} = A\overline{B} + \overline{A}B = A \oplus B$$

(3) 列真值表，如表 3.1 所示。

表 3.1　例 3-1 真值表

A B	Y
0　0	0
0　1	1
1　0	1
1　1	0

(4) 说明电路的功能。由真值表可知，该电路完成了"异或"运算功能。

3.1.2　组合逻辑电路的设计

组合逻辑电路的设计，是根据给定的逻辑功能要求，设计出最佳的逻辑电路。

组合逻辑电路设计的步骤如下：

(1) 根据给定的逻辑功能要求，列出真值表。

(2) 根据真值表写出输出逻辑函数表达式。

(3) 化简逻辑函数表达式。

(4) 根据表达式画出逻辑图。

【例 3-2】 某职业技术学校进行职业技能测评，有 3 名评判员。一名主评判员 A，两名副评判员 B 和 C。测评通过按照少数服从多数的原则，若主评判员判为合格也通过，设计出该逻辑电路。

解： (1)设 A、B 和 C 取值为"1"时表示评判员判合格；为"0"则表示判不合格。输出 Y 为"1"时表示学生测评通过；为"0"则表示测评不通过。根据题意列真值表如表 3.2 所示。

表 3.2 真值表

输　入			输　出
A	B	C	Y
0	0	0	0
0	0	1	0
0	1	0	0
0	1	1	1
1	0	0	1
1	0	1	1
1	1	0	1
1	1	1	1

(2) 根据真值表写出逻辑函数表达式。

$$Y = \overline{A}BC + A\overline{B}\,\overline{C} + A\overline{B}C + AB\overline{C} + ABC$$

(3) 化简逻辑函数。利用卡诺图法化简，如图 3.3 所示。

$$Y = A + BC$$

(4) 根据逻辑函数表达式画出逻辑图，如图 3.4 所示。

图 3.3 卡诺图

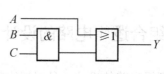

图 3.4 逻辑图

注意：若本题要求用 "与非" 门来设计逻辑电路图，则需要将表达式转换为

$$Y = A + BC = \overline{\overline{A + BC}} = \overline{\overline{A} \cdot \overline{BC}}$$

然后画出逻辑图，如图 3.5 所示。

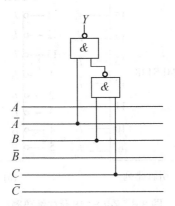

图 3.5　"与非"门构成的逻辑

3.2　编　码　器

编码是指以二进制码来表示给定的数字、字符或信息。实现编码功能的数字逻辑电路称为编码器。按照编码方式不同，编码器可分为普通编码器和优先编码器；按照输出代码种类的不同，可分为二进制编码器和非二进制编码器。

3.2.1　二进制编码器

在编码过程中，要注意二进制代码的位数。一位二进制代码能确定两个特定含义；2 位二进制代码能确定 4 个特定含义；3 位二进制代码能确定 8 个特定含义；以此类推，n 位二进制代码能确定 2^n 个特定含义。若输入信号的个数 N 与输出变量的位数 n 满足关系式 $N=2^n$，此电路则称为二进制编码器。常见的编码器有 8 线—3 线、16 线—4 线等。下面以 74LS148 集成电路编码器为例进行介绍。

74LS148 是 8 线—3 线优先编码器。优先编码器是当多个输入端同时有信号时，电路按照输入信号的优先级别依次进行编码。图 3.6 所示是 74LS148 的引脚排列及逻辑符号，其中 $\bar{I}_0 \sim \bar{I}_7$ 为输入信号端，$\bar{S}$ 是使能输入端，$\bar{Y}_0 \sim \bar{Y}_2$ 是 3 个输出端，$\bar{Y}_S$ 和 $\bar{Y}_{EX}$ 是用于扩展功能的输出端。

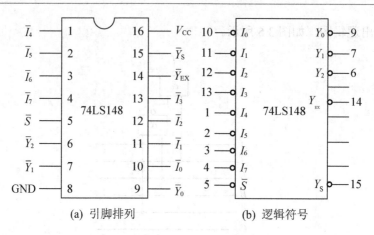

(a) 引脚排列   (b) 逻辑符号

图 3.6 74LS148 优先编码器

74LS148 编码器的功能如表 3.3 所示。

表 3.3 74LS148 优先编码器的功能表

使能端 $\bar{S}$	输入 $\bar{I}_7\ \bar{I}_6\ \bar{I}_5\ \bar{I}_4\ \bar{I}_3\ \bar{I}_2\ \bar{I}_1\ \bar{I}_0$		输出 $\bar{Y}_2\ \bar{Y}_1\ \bar{Y}_0$	扩展输出 $\bar{Y}_{EX}$	使能输出 $\bar{Y}_S$
1	× × × × × × × ×		1 1 1	1	1
0	1 1 1 1 1 1 1 1		1 1 1	1	0
0	0 × × × × × × ×		0 0 0	0	1
0	1 0 × × × × × ×		0 0 1	0	1
0	1 1 0 × × × × ×		0 1 0	0	1
0	1 1 1 0 × × × ×		0 1 1	0	1
0	1 1 1 1 0 × × ×		1 0 0	0	1
0	1 1 1 1 1 0 × ×		1 0 1	0	1
0	1 1 1 1 1 1 0 ×		1 1 0	0	1
0	1 1 1 1 1 1 1 0		1 1 1	0	1

从表 3.3 可知，输入和输出均为低电平有效。当使能输入端 $\bar{S}=1$ 时，编码器禁止编码；只有 $\bar{S}=0$ 时允许编码。

输入中 $\bar{I}_7$ 优先级为最高，$\bar{I}_0$ 优先级最低，即只要 $\bar{I}_7=0$，此时其他输入端即使为 0，输出只对 $\bar{I}_7$ 编码，对应的输出为 $\overline{Y_2 Y_1 Y_0}=000$。

$\bar{Y}_S$ 为使能输出端。在 $\bar{S}=0$ 允许工作时，如果 $\bar{I}_0 \sim \bar{I}_7$ 端有信号输入，$\bar{Y}_S=1$；若 $\bar{I}_0 \sim \bar{I}_7$ 端无信号输入时，$\bar{Y}_S=0$。

$\bar{Y}_{EX}$ 为扩展输出端，当 $\bar{S}=0$ 时，只要有编码信号，$\bar{Y}_{EX}$ 就是低电平。利用 $\bar{S}$、$\bar{Y}_S$ 和 $\bar{Y}_{EX}$ 3 个特殊功能端可以将编码器进行扩展。

3.2.2　二–十进制编码器

二–十进制编码器是指用 4 位二进制代码表示一位十进制数(0～9)的编码电路,也称为 10 线—4 线编码器。下面介绍 74LS147 二–十进制(8421)优先编码器。74LS147 编码器有 9 个输入端($\overline{I_1}\sim\overline{I_9}$),有 4 个输出端($\overline{Y_3Y_2Y_1Y_0}$)。其引脚排列及逻辑符号图如图 3.7 所示。

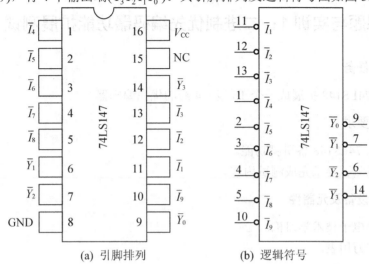

(a) 引脚排列　　　　　　　(b) 逻辑符号

图 3.7　74LS147 优先编码器

74LS147 优先编码器的功能表如表 3.4 所示。

表 3.4　74LS147 优先编码器的功能表

| 输　　　入 | | | | | | | | | 输　　出 | | | |
$\overline{I_9}$	$\overline{I_8}$	$\overline{I_7}$	$\overline{I_6}$	$\overline{I_5}$	$\overline{I_4}$	$\overline{I_3}$	$\overline{I_2}$	$\overline{I_1}$	$\overline{Y_3}$	$\overline{Y_2}$	$\overline{Y_1}$	$\overline{Y_0}$
1	1	1	1	1	1	1	1	1	1	1	1	1
1	1	1	1	1	1	1	1	0	1	1	1	0
1	1	1	1	1	1	1	0	×	1	1	0	1
1	1	1	1	1	1	0	×	×	1	1	0	0
1	1	1	1	1	0	×	×	×	1	0	1	1
1	1	1	1	0	×	×	×	×	1	0	1	0
1	1	1	0	×	×	×	×	×	1	0	0	1
1	1	0	×	×	×	×	×	×	1	0	0	0
1	0	×	×	×	×	×	×	×	0	1	1	1
0	×	×	×	×	×	×	×	×	0	1	1	0

由表 3.4 可知，输入 $\overline{I}_9$ 级别最高，$\overline{I}_1$ 级别最低。编码器的输出端 $\overline{Y_3Y_2Y_1Y_0}$ 以反码的形式输出，$\overline{Y}_3$ 为最高位，$\overline{Y}_0$ 为最低位。用一组 4 位二进制代码来表示 1 位十进制数，这是一个二-十进制编码器电路。输入信号为低电平有效，若信号输入无效，即 9 个输入信号全部为"1"，表示输入的十进制数为"0"，则输出 $\overline{Y_3Y_2Y_1Y_0}$ =1111(0 的反码)。若输入信号有效，则根据输入信号的优先级别，输出级别最高的信号的编码。

3.2.3　课题与实训 1：二进制优先编码器功能扩展测试

1. 实训任务

用两片 74LS148 扩展成一个 16 线—4 线的优先编码器。

2. 实训要求

(1) 熟悉 74LS148 各引脚功能。

(2) 按照测试要求完成测试内容。

3. 实训设备及元器件

(1) 数字电子技术学习机。

(2) 数字万用表。

(3) 74LS148(2 个)。

(4) 74LS00 (1 个)。

4. 测试内容

1) 测试电路

测试电路如图 3.8 所示。

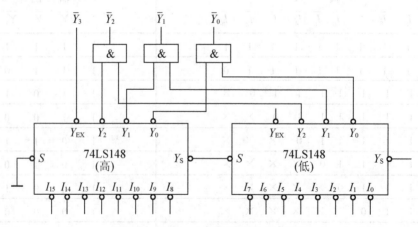

图 3.8　16 线—4 线的优先编码器电路

2) 测试步骤

(1) 按照测试的电路图连接测试电路。

(2) 仔细检查连接电路，确认无误后接通电源。

(3) 通过改变输入状态($\overline{I}_{15} \sim \overline{I}_0$)，观察输出端 $\overline{Y}_3\overline{Y}_2\overline{Y}_1\overline{Y}_0$ 的状态。

(4) 根据测试结果填写 16 线—4 线的优先编码器的功能表，如表 3.5 所示。

表 3.5　16 线—4 线编码器的功能表

输　入		输　出
$\overline{I}_{15}\overline{I}_{14}\overline{I}_{13}\overline{I}_{12}\overline{I}_{11}\overline{I}_{10}\overline{I}_9\overline{I}_8$	$\overline{I}_7\overline{I}_6\overline{I}_5\overline{I}_4\overline{I}_3\overline{I}_2\overline{I}_1\overline{I}_0$	$\overline{Y}_3\ \overline{Y}_2\ \overline{Y}_1\ \overline{Y}_0$

5. 测试结论

(1) 按照测试的内容撰写实训报告。

(2) 写出自己在测试过程中的疑难点，并说明自己是如何处理的。

3.3　译　码　器

译码是编码的逆过程，是把每一组输入的二进制代码"翻译"成为一个特定的输出信号的过程。实现译码功能的数字电路称为译码器。译码器分为变量译码器和显示译码器。

3.3.1 二进制译码器

将二进制代码"翻译"成对应的输出信号的电路，称为二进制译码器。常见的二进制译码器有 2 线—4 线译码器、3 线—8 线译码器、4 线—16 线译码器等。以 3 线—8 线的集成译码器 74LS138 为例，介绍二进制译码器。74LS138 的引脚排列和逻辑符号如图 3.9 所示。A_2、A_1、A_0 为译码器的 3 个输入端，$\overline{Y_0} \sim \overline{Y_7}$ 为译码器的输出端(低电平有效)。

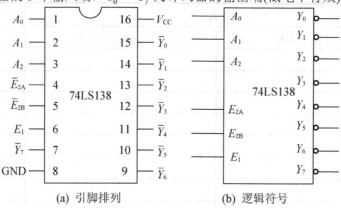

(a) 引脚排列　　　　　　(b) 逻辑符号

图 3.9　74LS138 译码器

74LS138 译码器的功能表如表 3.6 所示。

表 3.6　74LS138 译码器功能表

输　入		输　入			输　出							
E_1	$\overline{E_{2A}} + \overline{E_{2B}}$	A_2	A_1	A_0	$\overline{Y_7}$	$\overline{Y_6}$	$\overline{Y_5}$	$\overline{Y_4}$	$\overline{Y_3}$	$\overline{Y_2}$	$\overline{Y_1}$	$\overline{Y_0}$
×	1	×	×	×	1	1	1	1	1	1	1	1
0	×	×	×	×	1	1	1	1	1	1	1	1
1	0	0	0	0	1	1	1	1	1	1	1	0
1	0	0	0	1	1	1	1	1	1	1	0	1
1	0	0	1	0	1	1	1	1	1	0	1	1
1	0	0	1	1	1	1	1	1	0	1	1	1
1	0	1	0	0	1	1	1	0	1	1	1	1
1	0	1	0	1	1	1	0	1	1	1	1	1
1	0	1	1	0	1	0	1	1	1	1	1	1
1	0	1	1	1	0	1	1	1	1	1	1	1

由表 3.6 可知，当 3 个使能输入端 $E_1 = 1$，且 $\overline{E_{2A}} = \overline{E_{2B}} = 0$ 时，74LS138 译码器才工作；否则译码器不工作。74LS138 译码器正常工作时，输出端与输入端的逻辑函数关系为

$$\overline{Y_0} = \overline{\overline{A_2}\,\overline{A_1}\,\overline{A_0}} \qquad \overline{Y_1} = \overline{\overline{A_2}\,\overline{A_1}A_0} \qquad \overline{Y_2} = \overline{\overline{A_2}A_1\overline{A_0}} \qquad \overline{Y_3} = \overline{\overline{A_2}A_1A_0}$$

$$\overline{Y_4} = \overline{A_2\,\overline{A_1}\,\overline{A_0}} \qquad \overline{Y_5} = \overline{A_2\,\overline{A_1}A_0} \qquad \overline{Y_6} = \overline{A_2A_1\overline{A_0}} \qquad \overline{Y_7} = \overline{A_2A_1A_0}$$

3.3.2 二-十进制译码器

将 4 位二进制代码"翻译"成对应的输出信号的电路,称为二-十进制译码器。以二-十进制译码器 74LS42 为例,图 3.10 所示为 74LS42 的引脚排列和逻辑符号。该译码器有 $A_0 \sim A_3$ 4 个输入端, $\overline{Y_0} \sim \overline{Y_9}$ 共 10 个输出端,简称 4 线—10 线译码器。

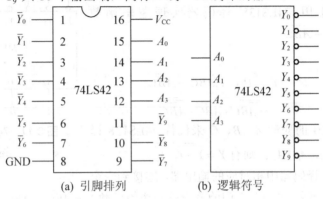

图 3.10 74LS42 二-十进制译码器

74LS42 译码器的功能表如表 3.7 所示。

表 3.7 74LS42 二-十进制译码器功能表

输		入		输				出					
A_3	A_2	A_1	A_0	$\overline{Y_9}$	$\overline{Y_8}$	$\overline{Y_7}$	$\overline{Y_6}$	$\overline{Y_5}$	$\overline{Y_4}$	$\overline{Y_3}$	$\overline{Y_2}$	$\overline{Y_1}$	$\overline{Y_0}$
0	0	0	0	1	1	1	1	1	1	1	1	1	0
0	0	0	1	1	1	1	1	1	1	1	1	0	1
0	0	1	0	1	1	1	1	1	1	1	0	1	1
0	0	1	1	1	1	1	1	1	1	0	1	1	1
0	1	0	0	1	1	1	1	1	0	1	1	1	1
0	1	0	1	1	1	1	1	0	1	1	1	1	1
0	1	1	0	1	1	1	0	1	1	1	1	1	1
0	1	1	1	1	1	0	1	1	1	1	1	1	1
1	0	0	0	1	0	1	1	1	1	1	1	1	1
1	0	0	1	0	1	1	1	1	1	1	1	1	1

由表 3.7 可知，Y_0 的输出为 $Y_0 = \overline{\overline{A_3}\,\overline{A_2}\,\overline{A_1}\,\overline{A_0}}$。在输入 $A_3A_2A_1A_0 = 0000$ 时，此时它对应的十进制数为 0，从而输出 $\overline{Y_0} = 0$。其余输出请学生自行推导。

3.3.3 译码器的应用

由 74LS138 译码器的逻辑函数关系表达式可知，它的每个输出端都表示一个最小项，而任何函数都可以写成最小项表达式的形式，利用这个特点，可以用 74LS138 译码器来实现逻辑函数。

【例 3-3】用 74LS138 译码器实现逻辑函数 $Y = \overline{A}B\overline{C} + ABC + A\overline{B}\,\overline{C}$。

解：由于

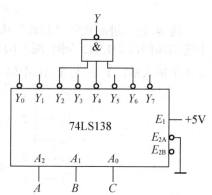

$$Y = \overline{A}B\overline{C} + ABC + A\overline{B}\,\overline{C}$$
$$= \overline{\overline{\overline{A}B\overline{C}} \cdot \overline{ABC} \cdot \overline{A\overline{B}\,\overline{C}}}$$

用逻辑函数中的变量 A、B、C 来代替 74LS138 译码器中的输入 A_2、A_1、A_0，则有 $Y = \overline{\overline{Y_2} \cdot \overline{Y_7} \cdot \overline{Y_4}}$。

图 3.11　74LS138 译码器实现逻辑函数的逻辑电路

将 74LS138 译码器中相对应的输出端，连接到一个"与非"门上，那么"与非"门的输出就是逻辑函数 $Y = \overline{A}B\overline{C} + ABC + A\overline{B}\,\overline{C}$。逻辑电路如图 3.11 所示。

3.3.4 课题与实训 2：二进制译码器功能扩展测试

1. 实训任务

用两片 74LS138 扩展成一个 4 线－16 线译码器。

2. 实训要求

(1) 熟悉 74LS138 各引脚功能。
(2) 按照测试要求完成测试内容。

3. 实训设备及元器件

(1) 数字电子技术学习机。
(2) 数字万用表。
(3) 74LS138(两个)。

4. 测试内容

1) 测试电路
测试电路如图 3.12 所示。

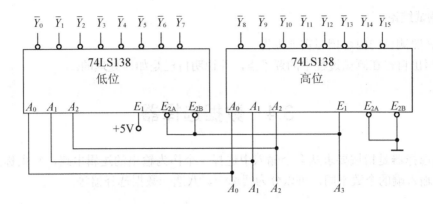

图 3.12　4 线—16 线的译码器电路

2) 测试步骤
(1) 按照测试的电路图连接测试电路。
(2) 仔细检查连接电路，确认无误后接通电源。
(3) 通过改变输入状态($A_3\,A_2\,A_1\,A_0$)，观察输出端 $\overline{Y_0} \sim \overline{Y_{15}}$ 的状态。
(4) 根据测试结果填写 4 线—16 线译码器的功能表，如表 3.8 所示。

表 3.8　4 线—16 线译码器功能表

输　入 $A_3\ A_2\ A_1\ A_0$	输　出	
	$\overline{Y_{15}}\ \overline{Y_{14}}\ \overline{Y_{13}}\ \overline{Y_{12}}\ \overline{Y_{11}}\ \overline{Y_{10}}\ \overline{Y_9}\ \overline{Y_8}$	$\overline{Y_7}\ \overline{Y_6}\ \overline{Y_5}\ \overline{Y_4}\ \overline{Y_3}\ \overline{Y_2}\ \overline{Y_1}\ \overline{Y_0}$

5. 测试结论

(1) 按照测试的内容撰写实训报告。

(2) 写出自己在测试过程中的疑难点，并说明自己是如何处理的。

3.4 数据选择器

数据选择器是指按要求从多个输入中选择一个作为输出的逻辑电路，它也称为多路开关。根据输入端的个数不同，可以分为四选一、八选一数据选择器等。

3.4.1 集成数据选择器

1. 集成数据选择器 74LS151

集成 74LS151 是一个八选一的数据选择器，集成 74LS151 的引脚排列和逻辑符号如图 3.13 所示。它有 3 个地址端 $A_2A_1A_0$。有 $D_0 \sim D_7$ 8 个数据输入端可供 $A_2A_1A_0$ 选择，具有两个互补的输出端 W 和 $\overline{W}$。

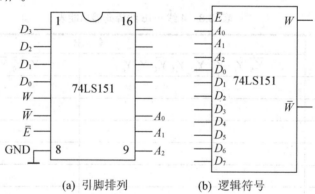

(a) 引脚排列　　　(b) 逻辑符号

图 3.13　74LS151 数据选择器

集成 74LS151 数据选择器的功能表如表 3.9 所示。

表 3.9　74LS151 数据选择器功能表

使能端 $\overline{E}$	输入			输出	
	A_2	A_1	A_0	W	$\overline{W}$
1	×	×	×	0	1
0	0	0	0	D_0	$\overline{D_0}$
0	0	0	1	D_1	$\overline{D_1}$
0	0	1	0	D_2	$\overline{D_2}$
0	0	1	1	D_3	$\overline{D_3}$
0	1	0	0	D_4	$\overline{D_4}$

续表

使 能 端 $\overline{E}$	输 入			输 出	
	A_2	A_1	A_0	W	$\overline{W}$
0	1	0	1	D_5	$\overline{D_5}$
0	1	1	0	D_6	$\overline{D_6}$
0	1	1	1	D_7	$\overline{D_7}$

由表 3.9 可知，当使能端 $\overline{E}$=0 时，74LS151 数据选择器处于工作状态；否则 74LS151 被禁止，即此刻无论地址输入端输入任何数据，输出 W=0，说明数据选择器处于不工作状态。当 74LS151 数据选择器正常工作时，输出端与输入端的逻辑函数关系为

$$W= \overline{A_2}\,\overline{A_1}\,\overline{A_0}D_0 + \overline{A_2}\,\overline{A_1}A_0D_1 + \overline{A_2}A_1\overline{A_0}D_2 + \overline{A_2}A_1A_0D_3 + A_2\overline{A_1}\,\overline{A_0}D_4 + A_2\overline{A_1}A_0D_5$$
$$+ A_2A_1\overline{A_0}D_6 + A_2A_1A_0D_7$$

2. 数据选择器的应用

由 74LS151 数据选择器的逻辑函数表达式可知，当使能端 $\overline{E}$=0 有效时，将地址输入、数据输入代替逻辑函数中的变量来实现一个三变量的逻辑函数。

【例 3-4】 试用 74LS151 八选一的数据选择器实现逻辑函数 $Y= AB\overline{C} + \overline{A}\,\overline{B}$。

解： 将逻辑函数变换成最小项表达式为

$$Y= AB\overline{C} + \overline{A}\,\overline{B}$$
$$= AB\overline{C} + \overline{A}\,\overline{B}C + \overline{A}\,\overline{B}\,\overline{C}$$
$$= m_0 + m_1 + m_6$$

因为八选一数据选择器的输出逻辑函数表达式为

$$Y= \overline{A_2}\,\overline{A_1}\,\overline{A_0}D_0 + \overline{A_2}\,\overline{A_1}A_0D_1 + \overline{A_2}A_1\overline{A_0}D_2 + \overline{A_2}A_1A_0D_3 + A_2\overline{A_1}\,\overline{A_0}D_4 + A_2\overline{A_1}A_0D_5 + A_2A_1\overline{A_0}D_6$$
$$+ A_2A_1A_0D_7$$
$$= m_0D_0 + m_1D_1 + m_2D_2 + m_3D_3 + m_4D_4 + m_5D_5 + m_6D_6 + m_7D_7$$

因此，如果将上式中的 A_2、A_1 和 A_0 用 A、B、C 来代替，则有：$D_0 = D_1 = D_6 = 1$，$D_2 = D_3 = D_4 = D_5 = D_7 = 0$，如图 3.14 所示，可画出该逻辑函数的逻辑图。

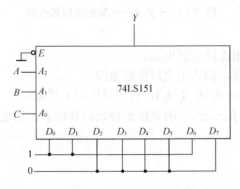

图 3.14　74LS151 数据选择器实现逻辑函数的逻辑电路

3.4.2 课题与实训 3：数据选择器功能扩展测试

1. 实训任务

用两片 74LS151 扩展成一个十六选一的数据选择器。

2. 实训要求

(1) 熟悉 74LS151 各引脚功能。

(2) 按照测试要求完成测试内容。

3. 实训设备及元器件

(1) 数字电子技术学习机。

(2) 数字万用表。

(3) 74LS151(两个)。

4. 测试内容

1) 测试电路

测试电路如图 3.15 所示。

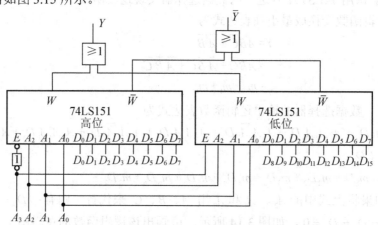

图 3.15 十六选一的数据选择器电路

2) 测试步骤

(1) 按照测试的电路图连接测试电路。

(2) 仔细检查连接电路，确认无误后接通电源。

(3) 通过改变输入状态($A_3 A_2 A_1 A_0$)，观察输出端 Y 状态。

(4) 根据测试结果填写十六选一的数据选择器的功能表，如表 3.10 所示。

表 3.10　十六选一的数据选择器功能表

输　入	输　出	
$A_3\ A_2\ A_1\ A_0$	Y	$\overline{Y}$

5. 测试结论

(1) 按照测试的内容撰写实训报告。

(2) 写出自己在测试过程中的疑难点，并说明自己是如何处理的。

3.5　数字显示电路

在数字系统中，常常需要把二进制用人们习惯的十进制数码直观地显示出来，这就需要用显示器来完成。数字显示电路一般由译码器、驱动器和显示器等部分组成。

3.5.1　数字显示电路

1. 显示器件

数码显示器按显示方式有分段式、字形重叠式和点阵式。其中，七段显示器应用最普遍，也是数字电路中使用最多的显示器。它由多条能各自独立发光的线段按一定方式组合构成。利用不同发光段组合能显示出 0～9 共 10 个数字。图 3.16(a)所示为七段半导体发光二极管显示器，它有共阳极和共阴极两种接法。图 3.16(b)所示为发光二极管的共阴极接法，共阴极接法是将各发光二极管的阴极相连后接地，这样当对应极接高电平时二极管导通发光。共阳极接法如图 3.16(c)所示，是将各发光二极管的阳极相连后接+5V 电源。这样当对应极接低电平时二极管导通发光。使用时为了使数码管能将数码所代表的数显示出来，还须将数码经译码器译出后，再去驱动数字显示器件。

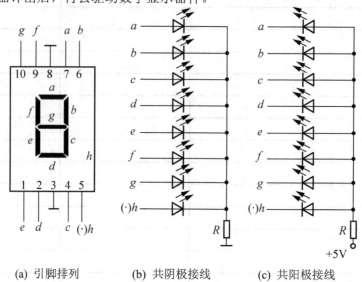

(a) 引脚排列 　　　(b) 共阴极接线 　　　(c) 共阳极接线

图 3.16　七段半导体发光二极管显示器

2. 74LS48 集成电路

图 3.17 所示为 74LS48 显示译码器的引脚排列图和逻辑符号图。它可以专门用来驱动七段数码管显示器。

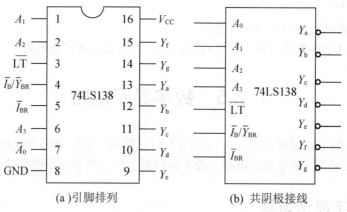

(a) 引脚排列 　　　　　(b) 共阴极接线

图 3.17　74LS48 显示译码器

74LS48 的逻辑功能表如表 3.11 所示。

表 3.11 74LS48 显示译码器功能表

数字	输入						输入/输出	输出							显示字形
十进制	$\overline{LT}$	$\overline{I}_{BR}$	A_3	A_2	A_1	A_0	$\overline{I}_B/\overline{Y}_{BR}$	a	b	c	d	e	f	g	
0	1	1	0	0	0	0	1	1	1	1	1	1	1	0	0
1	1	×	0	0	0	1	1	0	1	1	0	0	0	0	1
2	1	×	0	0	1	0	1	1	1	0	1	1	0	1	2
3	1	×	0	0	1	1	1	1	1	1	1	0	0	1	3
4	1	×	0	1	0	0	1	0	1	1	0	0	1	1	4
5	1	×	0	1	0	1	1	1	0	1	1	0	1	1	5
6	1	×	0	1	1	0	1	0	0	1	1	1	1	1	6
7	1	×	0	1	1	1	1	1	1	1	0	0	0	0	7
8	1	×	1	0	0	0	1	1	1	1	1	1	1	1	8
9	1	×	1	0	0	1	1	1	1	1	0	0	1	1	9
	1	×	1	0	1	0	1	0	0	0	1	1	0	1	C
	1	×	1	0	1	1	1	0	0	1	1	0	0	1	⊐
	1	×	1	1	0	0	1	0	1	0	0	0	1	1	U
灭灯	1	×	1	1	0	1	1	1	0	0	1	0	1	1	5
灭零	1	×	1	1	1	0	1	0	0	0	1	1	1	1	ʇ
试灯	1	×	1	1	1	1	1	0	0	0	0	0	0	0	全灭
	×	×	×	×	×	×	0	0	0	0	0	0	0	0	全灭
	1	0	0	0	0	0	0	0	0	0	0	0	0	0	全灭
	0	×	×	×	×	×	1	1	1	1	1	1	1	1	8

由表 3.11 可知，当输入 $A_3A_2A_1A_0$ 为 0000～1001 时，显示数字 0～9 的字形。74LS48 的 3 个控制端分别为 $\overline{LT}$、$\overline{I}_{BR}$ 和 $\overline{I}_B/\overline{Y}_{BR}$。

$\overline{LT}$ 为试灯输入端。当 $\overline{LT}$ =0 时，$\overline{I}_B/\overline{Y}_{BR}$ =1 时，不管其他输入状态如何，若七段均完好，会显示字形"8"，经常用此方法来检查各段发光二极管的好坏。当 $\overline{LT}$ =1 时，显示译码器才处于工作状态。

$\overline{I}_{BR}$ 用来动态灭零，当 $\overline{LT}$ =1，且 $\overline{I}_{BR}$ =0 时，若输入 $A_3A_2A_1A_0$ =0000 时，则 $\overline{I}_B/\overline{Y}_{BR}$ =0 使各段熄灭。

$\overline{I}_B/\overline{Y}_{BR}$ 为灭灯输入/灭灯输出，低电平有效，该端既可以做输入，也可做输出。当 $\overline{I}_B$ =0 时七段全灭，数码管不显示数字；$\overline{Y}_{BR}$ 为灭灯输出，当本位灭"0"时，用于控制下一位的 $\overline{I}_{BR}$。

3.5.2 课题与实训 4：制作数字显示电路

1. 实训任务

制作数字显示电路。

2. 实训要求

(1) 熟悉 74LS147、74LS48 及数码管各引脚功能。

(2) 按照测试要求完成测试内容。

3. 实训设备及元器件

(1) 数字电子技术学习机。

(2) 数字万用表。

(3) 面包板。

(4) 连接线。

(5) 74LS147。

(6) 74LS48。

(7) 74LS04。

(8) 共阴数码管。

4. 测试内容

1) 测试电路

测试电路如图 3.18 所示。

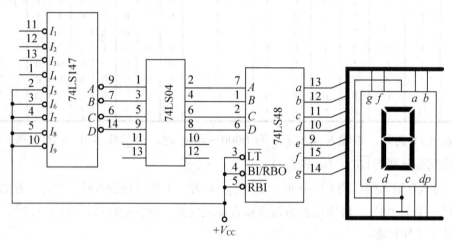

图 3.18　数字显示电路

2) 测试步骤

(1) 按照测试的电路图在面包板上插接元器件(注意：元器件引脚与插座接触良好；指示灯的正、负极不可接反)。

(2) 仔细检查连接电路，确认无误后接通电源。

(3) 按照表 3.12 所示验证 74LS147 的优先编码功能。

(4) 把其他测试结果相应地填入表 3.12 中。

表 3.12　优先编码、译码显示的功能验证

输　入									输　出		
$\bar{I_8}$ $\bar{I_7}$ $\bar{I_6}$ $\bar{I_5}$ $\bar{I_4}$ $\bar{I_3}$ $\bar{I_2}$ $\bar{I_1}$ $\bar{I_0}$									$\bar{Y_3}$ $\bar{Y_2}$ $\bar{Y_1}$ $\bar{Y_0}$	$DCBA$	显示数字
1　1　1　1　1　1　1　1　1											
0　×　×　×　×　×　×　×　×											

续表

输 入									输 出		
$\overline{I_8}$	$\overline{I_7}$	$\overline{I_6}$	$\overline{I_5}$	$\overline{I_4}$	$\overline{I_3}$	$\overline{I_2}$	$\overline{I_1}$	$\overline{I_0}$	$\overline{Y_3}\,\overline{Y_2}\,\overline{Y_1}\,\overline{Y_0}$	$D\,C\,B\,A$	显示数字
1	0	×	×	×	×	×	×	×			
1	1	0	×	×	×	×	×	×			
1	1	1	0	×	×	×	×	×			
1	1	1	1	0	×	×	×	×			
1	1	1	1	1	0	×	×	×			
1	1	1	1	1	1	0	×	×			
1	1	1	1	1	1	1	0	×			
1	1	1	1	1	1	1	1	0			

5. 测试结论

(1) 按照测试的内容撰写实训报告。

(2) 写出自己在测试过程中的疑难点，并说明自己是如何处理的。

3.6 加 法 器

3.6.1 加法器

1. 半加器

半加器是只考虑两个加数本身，而不考虑来自低位进位的逻辑电路。

设计一位二进制半加器，那么输入变量有两个，分别为加数 A 和被加数 B；输出也有两个，分别为和数 S 和进位 C。列真值表如表 3.13 所示。

表 3.13 半加器的真值表

A	B		S	C
0	0		0	0
0	1		1	0
1	0		1	0
1	1		0	1

由表 3.13 可以写出半加器的逻辑表达式为

$$S = \overline{A}B + A\overline{B}$$
$$C = AB$$

根据半加器的逻辑函数表达式，采用"与非"门实现其逻辑电路如图 3.19(a)所示，逻辑符号如图 3.19(b)所示。

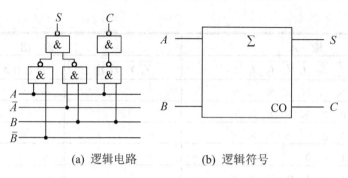

（a）逻辑电路 　　　　　　（b）逻辑符号

图 3.19　半加器

2. 全加器

全加器指的是不仅考虑两个一位二进制数 A_i 和 B_i 相加，而且还考虑来自低位进位数 C_{i-1} 相加的逻辑运算电路。在全加器的输入中，A_i 和 B_i 分别是被加数和加数，C_i 为低位的进位数；其输出 SO 表示本位的和数，CO 表示本位向高位的进位数。列出全加器的真值表如表 3.14 所示。

表 3.14　全加器的真值表

输入 A_i B_i C_{i-1}	输出 S_i C_i
0　0　0	0　0
0　0　1	1　0
0　1　0	1　0
0　1　1	0　1
1　0　0	1　0
1　0　1	0　1
1　1　0	0　1
1　1　1	1　1

由表 3.14 可求出全加器的逻辑函数表达式为

$$S_i = \overline{A_i}\,\overline{B_i}\,C_i + \overline{A_i}\,B_i\,\overline{C_i} + A_i\,\overline{B_i}\,\overline{C_i} + A_i\,B_i\,C_i$$

$$= (A_i \oplus B_i)\overline{C_i} + \overline{A_i \oplus B_i}\,C_i$$

$$= A_i \oplus B_i \oplus C_i$$

$$C_i = \overline{A_i}\,B_i\,C_i + A_i\,\overline{B_i}\,C_i + A_i\,B_i\,\overline{C_i} + A_i\,B_i\,C_i$$

$$= A_i\,B_i + B_i\,C_i + A_i\,C_i$$

根据全加器的逻辑函数表达式，可以画出全加器的逻辑电路如图 3.20(a)所示，其逻辑符号如图 3.20(b)所示。

3. 多位加法器

能够实现多位二进制数相加运算的电路称为多位加法器。按进位的方式不同，可分为串行进位和超前进位两种。任一位的加法运算必须在低一位的运算完成之后才能进行，这种方式称为串行进位。这种加法器的逻辑电路比较简单，但它的运算速度不高。而超前进位的加法器，使每位的进位只由加数和被加数决定，利用快速进位电路把各位的进位同时算出来，从而提高了运算的速度。

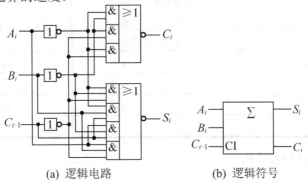

(a) 逻辑电路　　　　　　　(b) 逻辑符号

图 3.20　全加器

3.6.2　课题与实训 5：设计一位全加器

1. 实训任务

设计一位全加器。

2. 实训要求

(1) 能完成电路图的设计。
(2) 能选择出合适的元器件型号。
(3) 会进行电路的安装与调试。
(4) 会进行电路的功能检测。
(5) 会进行实训报告的编写。

3. 实训功能要求

(1) 实现两个一位二进制数相加的全加器电路。
(2) 将结果用 8421BCD 码的形式实现。
(3) 用"异或"门和"与非"门来实现该电路。

4. 设计步骤

1) 根据电路要求列真值表

真值表如表 3.15 所示。

表 3.15　真值表

输　入			高位进位	和	8421BCD 输出结果			
A_i	B_i	C_{i-1}	C_i	S_i	Y_3	Y_2	Y_1	Y_0
0	0	0	0	0	0	0	0	0
0	0	1	0	1	0	0	0	1
0	1	0	0	1	0	0	0	1

续表

输 入			高位进位	和	8421BCD 输出结果			
A_i	B_i	C_{i-1}	C_i	S_i	Y_3	Y_2	Y_1	Y_0
0	1	1	1	0	0	0	1	0
1	0	0	0	1	0	0	0	1
1	0	1	1	0	0	0	1	0
1	1	0	1	0	0	0	1	0
1	1	1	1	1	0	0	1	1

2) 写出逻辑函数表达式

$$Y_3 = 0$$
$$Y_2 = 0$$
$$Y_1 = \overline{A_i}\, B_i\, C_{i-1} + A_i\, \overline{B_i}\, C_{i-1} + A_i\, B_i\, \overline{C_{i-1}} = A_i\, B_i + B_i\, C_{i-1} + A_i\, C_{i-1}$$
$$Y_0 = \overline{A_i}\, \overline{B_i}\, C_{i-1} + \overline{A_i}\, B_i\, \overline{C_{i-1}} + A_i\, \overline{B_i}\, \overline{C_{i-1}} + A_i\, B_i\, C_{i-1}$$
$$= (A_i \oplus B_i)\, \overline{C_{i-1}} + \overline{A_i \oplus B_i} \cdot C_{i-1}$$
$$= A_i \oplus B_i \oplus C_{i-1}$$

3) 变换逻辑函数表达式

$$Y_3 = 0$$
$$Y_2 = 0$$
$$Y_1 = \overline{\overline{A_i B_i + B_i C_{i-1} + A_i C_{i-1}}} = \overline{\overline{A_i B_i} \cdot \overline{B_i C_{i-1}} \cdot \overline{A_i C_{i-}}}$$
$$Y_0 = A_i \oplus B_i \oplus C_{i-1}$$

4) 画设计好的逻辑电路图

电路如图 3.21 所示。

5) 电路的元器件选择

(1) 74LS00(1 个)。

(2) 74LS86(1 个)。

6) 电路安装与调试

(1) 按照设计电路图在面包板上插接元器件。

(2) 将集成电路 74LS00 和 74LS86 的电源及接地引脚进行正确的连接。

(3) 集成电路的其他引脚按照设计电路图进行正确连接(输出接发光二极管)。

(4) 仔细检查连接电路,确认无误后接通电源。

(5) 把测试结果填入表 3.16 中。

7) 电路的功能检测

按照检测结果,填表 3.16。

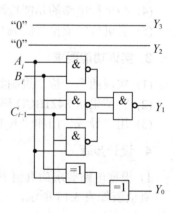

图 3.21 逻辑电路

表 3.16 全加器的功能检测表

| 输 入 | 输 出 结 果 |
A B C_i	发光二极管的状态
0 0 0	
0 0 1	
0 1 0	
0 1 1	
1 0 0	
1 0 1	
1 1 0	
1 1 1	

5. 设计小结与体会

(1) 按照设计的内容撰写实训报告。

(2) 写出自己在设计过程中的疑难点，并说明自己是如何处理的。

本 章 小 结

(1) 组合逻辑电路的特点是：任何时刻的输出仅取决于该时刻的输入，而与电路原来的状态无关；它是由若干逻辑门组成。

(2) 组合逻辑电路的分析方法：写出逻辑表达式→化简和变换逻辑表达式→列出真值表→确定功能。

(3) 组合逻辑电路的设计方法：列出真值表→写出逻辑表达式→逻辑化简和变换→画出逻辑图→选择元器件。

(4) 本章着重介绍了具有特定功能常用的一些组合逻辑电路，如编码器、译码器、数据选择器、全加器等，介绍了它们的逻辑功能、集成芯片及集成电路的扩展和应用。其中，编码器和译码器功能相反，都设有使能控制端，便于多片连接扩展；数据选择器和分配器功能相反，用数据选择器可实现逻辑函数及组合逻辑电路；加法器用来实现算术运算。

习 题

一、选择题

1. 组合逻辑电路的特点是( )。

　A.含有记忆元件　　　　　　　　B.输出、输入之间有反馈通路

　C.电路输出与以前状态有关　　　D.结构上由门电路和集成逻辑电路构成

2. 下列器件中，属于组合电路的有(   )。

    A.全加器和计数器   B.数值比较器和寄存器

    C.编码器和数据选择器   D.计数器和数据分配器

3. 一个十六选一的数据选择器，其地址输入端有(   )。

    A.2   B.4   C.1   D.8

4. 对于共阴极七段显示数码管，若要显示数字"6"，则七段显示器译码器 a～g 应为(   )。

    A.0011111   B.1000000   C.0100000   D.1011111

5. 十六选一数据选择器的地址输入是(   )。

    A.16   B.8   C.4   D.2

二、填空题

1. 逻辑电路按照逻辑功能的不同可分为两大类，即____、____。

2. 3 变量输入译码器，其译码输出信号最多应有____个，对于每一组输入代码，有____个输入端具有有效电平。

3. 八选一数据选择器有____位地址输入端。

三、简答题

1. 组合逻辑电路的特点是什么？

2. 组合电路分析的基本任务是什么？简述组合电路的分析方法。

3. 组合电路逻辑设计的基本任务是什么？简述组合电路设计四步法的步骤。

4. 什么是编码器？什么是译码器？

四、综合题

1. 用"与非"门设计一个四变量的多数表决电路。当输入变量 A、B、C、D 有 3 个或 3 个以上为 1 时，输出为 1，输入为其他状态时输出为 0。

2. 分析如图 3.22 所示电路的逻辑功能，写出 Y_1、Y_2 的逻辑函数式，列出真值表，指出电路完成什么逻辑功能。

3. 电话室有 3 种电话，按由高到低优先级排序依次是火警电话、急救电话和工作电话，要求电话编码依次为 00、01、10。试设计电话编码控制电路。

4. 用译码器实现下列逻辑函数，画出连线图。

(1) $Y_{1(A,B,C)} = \sum m(3,4,5,6)$

(2) $Y_{2(A,B,C)} = \sum m(1,3,5)$

(3) $Y_{3(A,B,C,D)} = \sum m(2,6,9,12,13,14)$

5. 试用 74LS151 数据选择器实现逻辑函数：

(1) $Y_{1(A,B,C)} = \sum m(1,3,5,7)$

(2) $Y_{2(A,B,C)} = \overline{AB}C + \overline{A}B\overline{C} + AB\overline{C} + ABC$

6. 有一水箱由大、小两台泵 M_L 和 M_S 供水，如图 3.23 所示。水箱中设置了 3 个水位

检测元件 A、B、C。水面低于检测元件时，检测元件给出高电平；水面高于检测元件时，检测元件给出低电平。现要求当水位超过 C 点时水泵停止工作；水位低于 C 点而高于 B 点时 M_S 单独工作；水位低于 B 点而高于 A 点时 M_L 单独工作；水位低于 A 点时 M_L 和 M_S 同时工作。试用门电路设计一个控制两台水泵的逻辑电路，要求电路尽量简单。

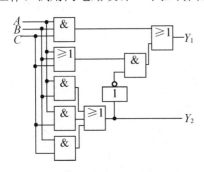

图 3.22　题 2 逻辑电路

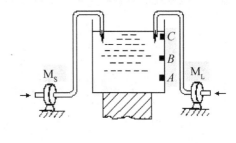

图 3.23　题 6 水泵供水示意图

第4章

触 发 器

教学目标

- 熟悉基本触发器的组成和功能
- 掌握基本 RS 触发器、同步 RS 触发器、边沿 D 和 JK 触发器功能
- 熟练掌握各种不同逻辑功能触发器之间的相互转换

数字系统中除采用逻辑门外，还常用到另一类具有记忆功能的电路——触发器，它具有存储二进制信息的功能，是组成时序逻辑电路的基本储存单元。每个触发器能够记忆一位二进制数"0"或"1"。

4.1 概 述

触发器是一种典型的具有双稳态暂时存储功能的器件。在各种复杂的数字电路中不但需要对二进制信号进行运算，还需要将这些信号和运算结果保存起来。为此，需要使用具有记忆功能的基本逻辑单元。能存储一位二进制的基本单元电路，称为触发器。

4.2 基本 RS 触发器

4.2.1 电路组成

基本 RS 触发器是一种最简单的触发器，是构成各种触发器的基础。它由两个 "与非"门或者"或非"门相互耦合连接而成，如图 4.1 所示，有两个输入端 R 和 S；R 为复位端，当 R 有效时，Q 变为 0，故称 R 为置"0"端；S 为置位端，当 S 有效时，Q 变为 1，称 S 为置"1"端；还有两个互补输出端 Q 和 $\overline{Q}$。

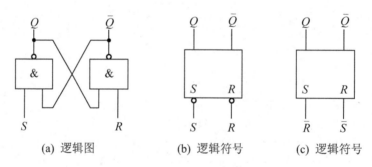

(a) 逻辑图   (b) 逻辑符号   (c) 逻辑符号

图 4.1 基本 RS 触发器

4.2.2 功能分析

触发器有两个稳定状态。Q^n 为触发器的原状态(初态)，即触发信号输入前的状态；Q^{n+1} 为触发器的现态(次态)，即触发信号输入后的状态。其功能用状态表、特征方程式、逻辑符号图以及状态转换图、波形图描述。

1. 状态表

如图 4.1(a)可知，有 $Q^{n+1} = \overline{S \cdot \overline{Q}}$，$\overline{Q^{n+1}} = \overline{R \cdot Q^n}$。

从表 4.1 中可知，该触发器有置"0"、置"1"功能。R 与 S 均为低电平有效，可使触发器的输出状态转换为相应的 0 或 1。RS 触发器逻辑符号如图 4.1(b)、(c)所示，图中的两个小圆圈表示输入低电平有效。当 R、S 均为低电平时有两种情况：当 $R=S=0$，$Q=\overline{Q}=1$，违反了互补关系；当 RS 由 00 同时变为 11 时，则 $Q(\overline{Q})$ 输出不能确定。

表 4.1　状态表

输　入		输　出		逻辑功能
R　　S	Q^n	Q^{n+1}		
0　　0	0	×		不定
	1	×		
0　　1	0	0		置 0
	1	0		
1　　0	0	1		置 1
	1	1		
1　　1	0	0		保持不变
	1	1		

2. 特性方程

根据表 4.1 画出卡诺图如图 4.2 所示，化简得

$$Q^{n+1} = \overline{S} + RQ^n \tag{4-1}$$
$$R + S = 1 (约束条件)$$

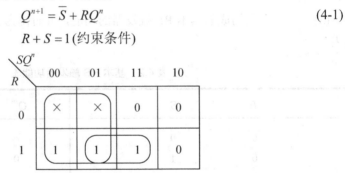

图 4.2　卡诺图

3. 状态转换图

如图 4.3 所示，图中圆圈表示状态的个数，箭头表示状态转换的方向，箭头线上的标注表示状态转换的条件。

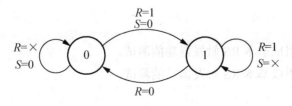

图 4.3　状态转换图

4. 波形图

如图 4.4 所示，画图时应根据功能表来确定各个时间段 Q 与 $\bar{Q}$ 的状态。

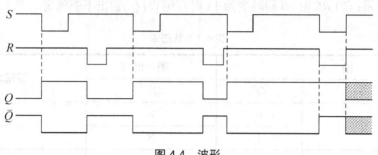

图 4.4 波形

综上所述，基本 RS 触发器具有以下特点：

(1) 它具有两个稳定状态，分别为"1"和"0"，称双稳态触发器。如果没有外加触发信号作用，它将保持原有状态不变；在外加触发信号作用下，触发器输出状态才可能发生变化，输出状态直接受输入信号的控制，也称其为直接复位。

(2) 给 $\bar{R}$ 和 $\bar{S}$ 端同时加负脉冲，在负脉冲存在期间，由于 $\bar{S}$、$\bar{R}$ 端均为低电平，因此门 1 和门 2 输出 $\bar{Q}$ 和 Q 均为高电平；在负脉冲同时消失(即 $\bar{S}$、$\bar{R}$ 同时恢复高电平)后，触发器的新态是"0"还是"1"，与门 1、门 2 翻转快慢有关，逻辑状态不能确定，因此这种情况应该避免。

(3) "与非"门构成的基本 RS 触发器的功能，可简化为表 4.2 所示的基本 RS 触发器功能表。

表 4.2 基本 RS 触发器功能表

R	S	Q^{n+1}	功　能
0	0	$\times$	不定
0	1	0	值 0
1	0	1	值 1
1	1	Q^n	不变

4.2.3　课题与实训：基本 RS 触发器功能测试

1. 实训任务

(1) "与非"门组成基本 RS 触发器功能测试。

(2) "或非"门组成基本 RS 触发器功能测试。

2. 实训要求

(1) 掌握由"与非"门、"或非"门组成基本 RS 触发器的逻辑功能。

(2) 按照测试要求如表 4.3、表 4.4 所示完成测试内容。

3. 实训设备及元器件

(1) 数字电子技术学习机。

(2) CD4011、CD4001。

4. 测试内容

测试电路如图 4.5 所示，由"与非"门和"或非"门组成基本 RS 触发器。

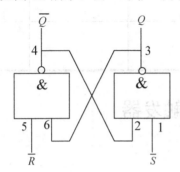 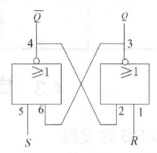

(a)　"与非"门构成基本 RS 触发器　　　(b)　"或非"门构成基本 RS 触发器

图 4.5　测试电路

表 4.3　"与非"门构成基本 RS 触发器功能测试表

序　号	输　入		输　出		逻辑功能
	$\overline{R}$	$\overline{S}$	Q	$\overline{Q}$	
1	0	1			
2	1	1			
3	1	⊓			
4	⊓	⊓			
5	0 1	0 1			
6	0 1	0 1			

表 4.4 "或非"门构成基本 RS 触发器功能测试表

序 号	输入		输出		逻辑功能
	$\bar{R}$	$\bar{S}$	Q	$\bar{Q}$	
1	0	1			
2	0	0			
3	⊓	0			
4	0	⊓			
5	1 0	1 0			
6	1 0	1 0			

4.3 同步触发器

4.3.1 同步 RS 触发器

1. 电路组成

同步 RS 触发器的电路组成如图 4.6 所示。图 4.6 中 $\bar{R}_\mathrm{D}$、$\bar{S}_\mathrm{D}$ 是直接置 0、置 1 端,用来设置触发器的初状态。

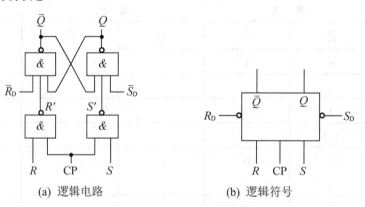

(a) 逻辑电路   (b) 逻辑符号

图 4.6 同步 RS 触发器

2. 功能分析

同步 RS 触发器的逻辑电路图和逻辑符号如图 4.6 所示。当 CP =0,$R' = S' = 1$ 时,Q 与 $\bar{Q}$ 保持不变;当 CP =1,$R' = \overline{R \cdot \mathrm{CP}}$,$S' = \overline{S \cdot \mathrm{CP}}$,代入基本 RS 触发器的特征方程得

$$Q^{n+1} = S + \overline{R}Q$$
$$RS = 0(约束条件)$$

(4-2)

功能表及状态图如表 4.5 和图 4.7 所示。

表 4.5 功能表

CP	R	S	Q^{n+1}	功 能
1	0	0	Q^n	保持
1	0	1	1	置1
1	1	0	0	置0
1	1	1	×	不定

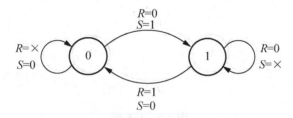

图 4.7 状态图

同步 RS 触发器的 CP、R、S 均为高电平有效，触发器状态才能改变。与基本 RS 触发器相比，对触发器增加了时间控制，但其输出的不定状态直接影响触发器的工作质量。

4.3.2 同步 JK 触发器

1. 电路组成

同步 JK 触发器的电路组成如图 4.8 所示。

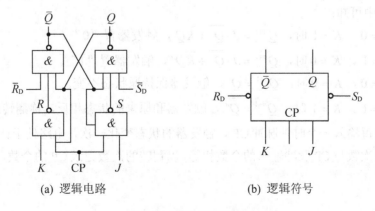

(a) 逻辑电路 (b) 逻辑符号

图 4.8 同步 JK 触发器

2. 功能分析

按图 4.8(a)所示的逻辑电路，同步 JK 触发器的功能分析如下：

当 $CP=0$ 时，$R=S=1$，$Q^{n+1}=Q^n \overline{Q}$，触发器的状态保持不变。

当 $CP=1$ 时，将 $R=\overline{CP \cdot K \cdot Q^n}=\overline{K \cdot Q^n}$，$S=\overline{CP \cdot J \cdot \overline{Q^n}}=\overline{J \cdot \overline{Q}}$

代入 $Q^{n+1}=\overline{S}+RQ^n$，可得

$$Q^{n+1}=\overline{S}+RQ^n=J \cdot \overline{Q^n}+\overline{K \cdot Q^n}Q^n=J \cdot \overline{Q^n}+\overline{K}Q^n$$

即同步 JK 触发器的特征方程为

$$Q^{n+1}=J\overline{Q^n}+\overline{K}Q^n \tag{4-3}$$

在同步触发器功能表基础上，得到 JK 触发器的状态如图 4.9 所示。

功能表如表 4.6 所示。

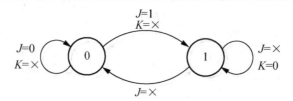

图 4.9　状态图

表 4.6　状态表

CP	J	K	Q^{n+1}	功　能
1	0	0	Q^n	保持
1	0	1	0	置 0
1	1	0	1	置 1
1	1	1	$\overline{Q^n}$	翻转(计数)

从表 4.6 中可知：

(1) 当 $J=0$，$K=1$ 时，$Q^{n+1}=J \cdot \overline{Q^n}+\overline{K}Q$，触发器置"0"。

(2) 当 $J=1$，$K=0$ 时，$Q^{n+1}=J \cdot \overline{Q^n}+\overline{K}Q^n$，触发器置"1"。

(3) 当 $J=0$，$K=0$ 时，$Q^{n+1}=Q^n$，触发器保持原状态不变。

(4) 当 $J=1$，$K=1$ 时，$Q^{n+1}=\overline{Q^n}$，触发器和原来的状态相反，称翻转或称计数。

计数就是每输入一个时钟脉冲 CP，触发器的状态变化一次，电路处于计数状态，触发器状态翻转的次数与 CP 脉冲输入的个数相等，以翻转的次数记录 CP 的个数。波形如图 4.10 所示。

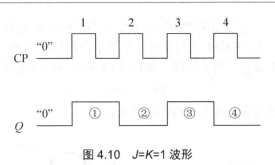

图 4.10 $J=K=1$ 波形

4.3.3 同步 D 触发器

1. 电路结构

为了避免同步 RS 触发器同时出现 R 和 S 都为 1 的情况,可在 R 和 S 之间接入非门,这种单输入的触发器称为 D 触发器,如图 4.11 所示。

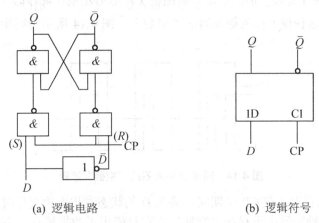

(a) 逻辑电路   (b) 逻辑符号

图 4.11 同步 D 触发器和逻辑符号

2. 功能分析

在 CP $=0$ 时, $Q^{n+1}=Q^n$,触发器的状态保持不变。

在 CP $=1$ 时,如 $D=1$ 时, $\overline{D}=0$,触发器翻转到 1 状态,即 $Q^{n+1}=1$,如 $\overline{D}=0$ 时, $\overline{D}=1$,触发器翻转到 0 状态,即 $Q^{n+1}=0$ 。由此列出同步 D 触发器的特性表如表 4.7 所示。

表 4.7 同步 D 触发器的特性表

CP	D	Q^n	Q^{n+1}	功 能
1	0	0	0	置 0
1	0	1	0	置 0
1	1	0	1	置 1
1	1	1	1	置 1

由功能表得出同步 D 触发器的逻辑功能如下：当 CP 由 0 变为 1 时，触发器的状态翻转到和 D 的状态相同；当 CP 由 1 变为 0 时，触发器保持原状态不变。

根据表画出 D 触发器 Q^{n+1} 的卡诺图，如图 4.12 所示。由该图可得

$$Q^{n+1} = D \tag{4-4}$$

由功能表得出 D 触发器的状态转换图如图 4.13 所示。

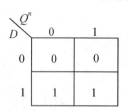

图 4.12　同步 D 触发器的卡诺图

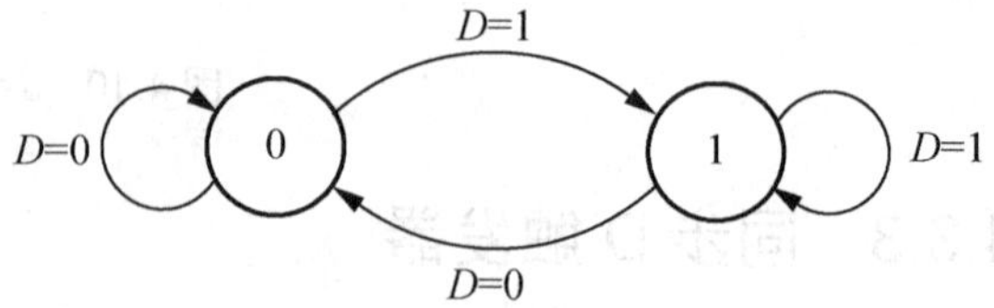

图 4.13　同步 D 触发器的状态转换图

3. 同步触发器的"空翻"

在 CP 为高电平 1 期间，如同步触发器的输入信号发生多次变化时，其输出状态也会相应发生多次变化，这种现象称为触发器的"空翻"。图 4.14 所示为同步触发器的"空翻"波形。

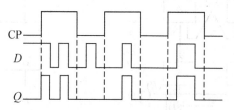

图 4.14　同步 D 触发器的"空翻"波形

由图 4.14 可以看出，在 CP=1 期间，输入 D 的状态发生多次变化时，其输出状态也随之发生变化。同步触发器由于存在"空翻"，它只能用于数据锁存，不能用作计数器、移位寄存器和存储器等。而组成计数器、存储器的是后面介绍的没有"空翻"的触发器。

4.4　边沿触发器

边沿触发器只有在时钟脉冲 CP 上升沿或下降沿到来时刻接收输入信号，这时电路才会根据输入信号改变状态，而在其他时间内，电路的状态不会发生变化，从而提高了触发器的工作可靠性和抗干扰能力，它没有"空翻"现象。

4.4.1　边沿 JK 触发器

1. 电路组成

边沿 JK 触发器的逻辑电路和逻辑符号如图 4.15 所示。

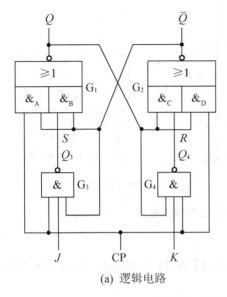

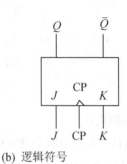

(a) 逻辑电路　　　　　　　　　(b) 逻辑符号

图 4.15　边沿 JK 触发器

2. 功能分析

边沿 JK 触发器电路在工作时，要求其"与非"门 G_3、G_4 的平均延迟时间 t_{pd1} 比"与或非"门构成的基本触发器的平均延迟时间 t_{pd2} 要长，起延时触发作用。

(1) 在 CP = 1 期间，"与或非"门输出 $Q^{n+1} = \overline{\overline{Q^n} + \overline{Q^n} \cdot S} = Q^n$，$\overline{Q^{n+1}} = \overline{Q^n + Q^n \cdot R} = \overline{Q^n}$（$R = Q_4$，$S = Q_3$），所以触发器的状态保持不变。此时"与非"门输出，$Q_4 = \overline{KQ^n}$，$Q_3 = \overline{J\overline{Q^n}}$。

(2) 当 CP 下降沿到来，即 CP=0 时，由于 $t_{pd1} > t_{pd2}$，则两个"与或非"门中的 A "与"门和 D "与"门结果都为 0，此时，"与或非"门变为基本 RS 触发器 $Q^{n+1} = \overline{S} + RQ^n = J\overline{Q^n} + \overline{K}Q^n$。

(3) CP=0 期间，"与非"门 G_3、G_4 输出结果 $Q_4 = Q_3 = 1$，此时触发器的输出 Q^{n+1} 将保持状态不变。

(4) CP 上升沿到来，CP=1，则"与或非"门恢复正常，$Q^{n+1} = Q^n$，$\overline{Q^{n+1}} = \overline{Q^n}$ 保持状态不变。

由上述分析得出此触发器是在 CP 脉冲下降沿按 $Q^{n+1} = J\overline{Q^n} + \overline{K}Q^n$ 特征方程式进行状态转换，故此触发器为下降沿触发的边沿触发器。其状态表、状态图与同步 JK 触发器相同，只是逻辑符号和时序图不同。图 4.15(b)所示为下降沿触发的 JK 触发器的逻辑符号。

3. 集成 JK 触发器

1) 74LS112 的管脚排列和逻辑符号

74LS112 为双下降沿 JK 触发器，其管脚排列及逻辑符号如图 4.16 所示。

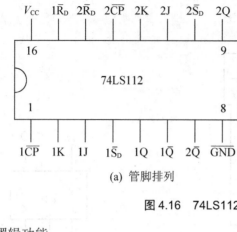 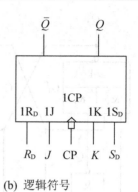

(a) 管脚排列　　　　　　　　　　(b) 逻辑符号

图 4.16　74LS112 管脚排列

2) 逻辑功能

74LS112 芯片由两个独立的下降沿触发的边沿 JK 触发器组成，表 4.8 所示为其功能表，由该表可以看出 74LS112 有以下主要功能。

表 4.8　74LS112 功能表

输　入					输　出		功能说明
$\overline{R_D}$	$\overline{S_D}$	J	K	CP	Q^{n+1}	$\overline{Q}^{n+1}$	
0	1	×	×	×	0	1	异步置0
1	0	×	×	×	1	0	异步置1
1	1	0	0	↓	Q^n	$\overline{Q^n}$	保持
1	1	0	1	↓	0	1	置0
1	1	1	0	↓	1	0	置1
1	1	1	1	↓	$\overline{Q^n}$	Q^n	计数
1	1	×	×	1	Q^n	$\overline{Q^n}$	保持
0	0	×	×	×	1	1	不允许

(1) 异步置0。当 $\overline{R_D}=0$，$\overline{S_D}=1$ 时，触发器置0，它与时钟脉冲 CP 及 J、K 的输入信号无关。

(2) 异步置1。$\overline{R_D}=1$，$\overline{S_D}=0$ 时，触发器置1，它也与时钟脉冲 CP 及 J、K 的输入信号无关。

(3) 保持。取 $\overline{R_D}=\overline{S_D}=1$，如 $J=K=0$ 时，触发器保持原来的状态不变。即使在 CP 下降沿到来时，电路状态也不会改变，$Q^{n+1}=Q^n$。

(4) 置0。取 $\overline{R_D}=\overline{S_D}=1$，如 $J=0$，$K=1$，在 CP 下降沿到来时，触发器翻转到 0 状态，即置0，$Q^{n+1}=0$。

(5) 置1。取 $\overline{R_D}=\overline{S_D}=1$，如 $J=1$，$K=0$ 时，在 CP 下降沿到来时，触发器翻转到 1 状态，即置1，$Q^{n+1}=1$。

(6) 计数。取 $\overline{R_{\mathrm{D}}} = \overline{S_{\mathrm{D}}} = 1$，如 $J = K = 1$ 时，则每输入 1 个 CP 的下降沿，触发器的状态变化一次，$Q^{n+1} = \overline{Q^n}$，这种情况常用来计数。

【例 4-1】 图 4.17 所示为集成 JK 触发器 74LS112 的 CP、D、$\overline{S}_{\mathrm{D}}$ 和 $\overline{R}_{\mathrm{D}}$ 的输入波形，试画出它的输出端 Q 的波形。设触发器的初始状态 $Q=0$。

解：

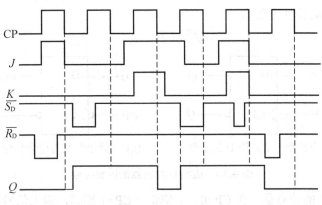

图 4.17　例 4-1 图

3) 74LS112 的应用实例

图 4.18 所示为 74LS112 构成的多路公共照明控制电路，$S_0 \sim S_n$ 为安装在不同处的按钮开关，不同的地方都能独立控制路灯的亮和灭。如触发器处于 0 状态时，$Q = 0$，三极管 VT 截止，继电器 K 的动合触点断开，灯 L 熄灭。当按下按钮开关 S_0 时，触发器由 0 状态翻转到 1 状态，$Q = 1$，三极管导通，继电器 K 得电，触点闭合，照明灯点亮。如按下按钮开关 S_1 时，则触发器又翻转到 0 状态，$Q = 0$，VT 截止，继电器 K 的触点断开，灯熄灭。这样实现了不同的地方能独立控制路灯的亮和灭。

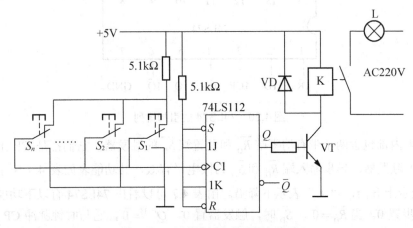

图 4.18　多路控制公共照明灯电路

4.4.2 边沿 D 触发器

1. 逻辑功能

图 4.19 所示为边沿 D 触发器的逻辑符号，D 为信号输入端，框内">"表示动态输入，它表明用时钟脉冲 CP 上升沿触发，只有在 CP 上升沿到达时才有效。它的逻辑功能与同步 D 触发器相同，它的特性方程为

$$Q^{n+1} = D$$

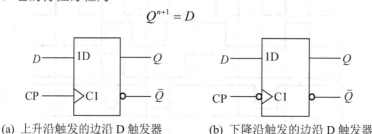

(a) 上升沿触发的边沿 D 触发器   (b) 下降沿触发的边沿 D 触发器

图 4.19 边沿 D 触发器的逻辑符号

边沿 D 触发器的特点是：在 CP=0、下降沿、CP=1 期间，输入信号都不起作用，只有在 CP 上升沿或下降沿时刻，触发器才会按其特性方程改变状态，因此边沿 D 触发器没有"空翻"的现象。

边沿 D 触发器中设置有异步输入端 $\overline{R}_D$、$\overline{S}_D$，用于将触发器直接置 0 或置 1。

2. 集成边沿 D 触发器 74LS74 介绍

图 4.20 所示为 TTL 集成边沿 D 触发器的引脚排列。

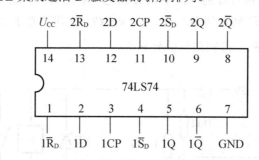

图 4.20 74LS74 的引脚排列

74LS74 内部包含两个带有清零端 $\overline{R}_D$ 和预置端 $\overline{S}_D$ 的触发器，它们都是 CP 上升沿触发器的边沿 D 触发器，异步输入端 $\overline{R}_D$ 和 $\overline{S}_D$ 为低电平有效，其功能表如表 4.9 所示，表中符号"↑"表示上升沿，"↓"表示下降沿。由表 4.7 可以看出 74LS74 有以下功能：

(1) 异步置 0。当 $\overline{R}_D = 0$、$\overline{S}_D$ 时，触发器置 0，$Q^{n+1} = 0$，它与时钟脉冲 CP 及 D 端的输入信号没有关系。

表 4.9　集成边沿 D 触发器 74LS74 的功能表

输　入				输　出	功 能 说 明
$\overline{R}_D$	$\overline{S}_D$	D	CP	Q^{n+1}	
0	1	×	×	0	异步置 0
1	0	×	×	1	异步置 0
1	1	0	↑	0	置 0
1	1	1	↑	1	置 0
1	1	×	0	Q^n	保持
0	0	×	×	禁用	不允许

(2) 异步置 1。当 $\overline{R}_D = 1$、$\overline{S}_D = 0$ 时，触发器置 1，$Q^{n+1} = 1$。

(3) 置 0。当 $\overline{R}_D = \overline{S}_D = 1$，如 $D = 0$，则在 CP 由 0 跳变到 1 时，触发器置 0，$Q^{n+1} = 0$。

(4) 置 1。当 $\overline{R}_D = \overline{S}_D = 1$，如 $D = 1$，则在 CP 由 0 跳变到 1 时，触发器置 1，$Q^{n+1} = 1$。

(5) 保持。当 $\overline{R}_D = \overline{S}_D = 1$，在 CP = 0 时，这时不论 D 端输入信号为 0 还是 1，触发器都保持原来的状态不变。

【例 4-2】图 4.21 所示为集成 D 触发器 74LS74 的 CP、D、$\overline{S}_D$ 和 $\overline{R}_D$ 的输入波形，试画出它的输出端 Q 的波形。设触发器的初始状态 $Q = 0$。

解：

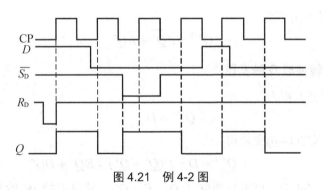

图 4.21　例 4-2 图

3. 74LS74 的应用实例

图 4.22 所示是利用 74LS74 构成的同步单脉冲发生电路。该电路借助 CP 产生两个起始不一致的脉冲，再由一个"与非"门来选通，变成一个同步单脉冲发生电路。图 4.22(b) 所示是电路的工作波形，从波形图可以看出，电路产生的单脉冲与 CP 脉冲严格同步，且脉冲宽度等于 CP 脉冲的一个周期，电路的正常工作不受开关 S 的机械抖动产生的毛刺影响，因此，可以应用于设备的启动或系统的调试与检测。

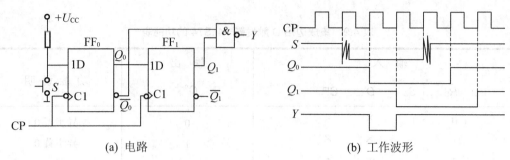

(a) 电路   (b) 工作波形

图 4.22   同步单脉冲发生电路

4.5   不同触发器的转换

从逻辑功能来分，触发器共有 4 种类型，即 RS、JK、D 和 T 触发器。在数字装置中往往需要各种类型的触发器，而市场上出售的触发器多为集成 D 触发器和 JK 触发器，没有其他类型触发器，因此，这就要求必须掌握不同类型触发器之间的转换方法。转换逻辑电路的方法，一般是先比较已有触发器和待求触发器的特征方程，然后利用逻辑代数的公式和定理实现两个特征方程之间的变换，进而画出转换后的逻辑电路。

4.5.1   JK 触发器转换成 D、T 触发器

JK 触发器的特征方程为

$$Q^{n+1} = J\overline{Q^n} + \overline{K}Q^n \tag{4-5}$$

1. JK 触发器转换成 D 触发器

D 触发器的特征方程为

$$Q^{n+1} = D \tag{4-6}$$

对照式(4-5)，对式(4-6)变换得

$$Q^{n+1} = D = D(\overline{Q^n} + Q^n) = D\overline{Q^n} + DQ^n \tag{4-7}$$

比较式(4-5)和式(4-7)，可见只要取 $J = D$，$K = \overline{Q^n}$，就可以把 JK 触发器转换成 D 触发器。图 4.23(a)是转换后的 D 触发器电路。转换后，D 触发器的 CP 触发脉冲与转换前 JK 触发器的 CP 触发脉冲相同。

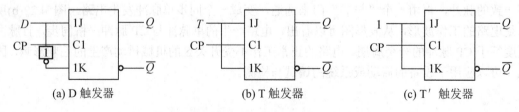

(a) D 触发器   (b) T 触发器   (c) T′ 触发器

图 4.23   JK 触发器转换成 D、T 和 T′触发器

2. JK 触发器转换成 T 触发器

T 触发器的特征方程为

$$Q^{n+1} = T\overline{Q^n} + \overline{T}Q^n \tag{4-8}$$

比较式(4-5)和式(4-8)，可见只要取 $J=K=T$，就可以把 JK 触发器转换成 T 触发器。图 4.23(b)是转换后的 T 触发器电路。

3. T'触发器

如果 T 触发器的输入端 $T=1$，则称它为 T'触发器，如图 4.23(c)所示。T'触发器也称为一位计数器，在计数器中应用广泛。

4.5.2. D 触发器转换成 JK、T 和 T'触发器

由于 D 触发器只有一个信号输入端，且 $Q^{n+1} = D$，因此，只要将其他类型触发器的输入信号经过转换后变为 D 信号，即可实现转换。

1. D 触发器转换成 JK 触发器

令 $D = J\overline{Q^n} + \overline{K}Q^n$，就可实现 D 触发器转换成 JK 触发器，如图 4.24(a)所示。

2. D 触发器转换成 T 触发器

令 $Q^{n+1} = T\overline{Q^n} + \overline{T}Q^n$，就可以把 D 触发器转换成 T 触发器，如图 4.24(b)所示。

3. D 触发器转换成 T'触发器

直接将 D 触发器的 $\overline{Q}$ 端与 D 端相连，就构成了 T'触发器，如图 4.24(c)所示。D 触发器到 T'触发器的转换最简单，计数器电路中用得最多。

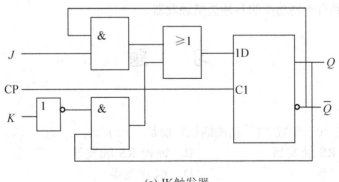

(a) JK触发器

图 4.24　D 触发器转换成 JK、T 和 T'触发器

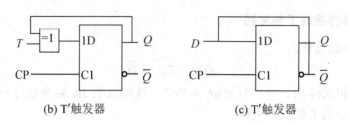

(b) T'触发器   (c) T'触发器

图 4-24　D 触发器转换成 JK、T 和 T'触发器(续)

本 章 小 结

(1) 触发器是数字电路中极其重要的基本单元。触发器有两个稳定状态，在外界信号作用下，可以从一个稳态转变为另一个稳态，无外界信号作用时状态保持不变。因此，触发器可以作为二进制存储单元使用。

(2) 触发器的逻辑功能可以用特征方程、状态表、卡诺图、状态图和波形图等方式来描述。触发器的特性方程是表示其逻辑功能的重要逻辑参数，在分析和设计时序逻辑电路时常用来判断电路状态转换的依据。

(3) 各种不同逻辑功能触发器的特性方程为

RS 触发器：$Q^{n+1} = S + \overline{R}Q^n$，其约束条件为 $RS = 0$。

JK 触发器：$Q^{n+1} = J\overline{Q^n} + \overline{K}Q^n$。

D 触发器：$Q^{n+1} = D$。

T 触发器：$Q^{n+1} = T \oplus Q^n$。

T'触发器：$Q^{n+1} = \overline{Q^n}$。

同一种功能的触发器，可以用不同的电路结构形式来表现；反过来，同一种电路结构形式，可以构成具有不同功能的各种类型触发器。

习 题

一、选择题

1. 仅具有置"0"和置"1"功能的触发器是( )。
  A．基本 RS 触发器   B．钟控 RS 触发器
  C．D 触发器   D．JK 触发器

2. 具有保持和翻转功能的触发器是( )。
  A．JK 触发器   B．T 触发器
  C．D 触发器   D．T' 触发器

3. 触发器由门电路构成，但它不同于门电路功能，主要特点是( )。
  A．具有翻转功能   B．具有保持功能
  C．具有记忆功能   D．以上都对

4．下降沿触发的边沿 JK 触发器在时钟脉冲 CP 下降沿到来前 $J=1$，$K=0$，而在 CP 下降沿到来后变为 $J=0$，$K=1$，则触发器状态为(　　)。

    A．0 状态   B．1 状态

    C．状态不变   D．状态不确定

5．4 个边沿 JK 触发器组成的二进制计数器最多能计(　　)。

    A．0～7 个数   B．0～15 个数

    C．0～9 个数   D．0～16 个数

二、填空题

1．两个"与非"门构成的基本 RS 触发器具有＿＿＿、＿＿＿、＿＿＿的功能。电路中不允许两个输入端同时为＿＿＿，否则将出现触发器不确定状态。

2．JK 触发器具有＿＿＿、＿＿＿、＿＿＿和＿＿＿4 种功能。欲使 JK 触发器实现 $Q^{n+1} = \overline{Q^n}$ 的功能，则输入端 J 应接＿＿＿，K 应接＿＿＿，把 JK 触发器＿＿＿就构成了 T 触发器，T 触发器具有的逻辑功能是＿＿＿和＿＿＿。将 T 触发器恒输入"1"就构成了 T′ 触发器，　触发器具有＿＿＿的功能。

3．JK 触发器的特性方程为＿＿＿。

4．D 触发器具有＿＿＿和＿＿＿的功能，其特性方程为＿＿＿。如果将输入端 D 和输出 $\overline{Q}$ 相连后，则 D 触发器处于＿＿＿状态。

三、综合题

1．在如图 4.25 所示的各电路中，设各触发器的初始状态均为 0，试根据 CP 的波形对应画出 $Q_1 \sim Q_5$ 的波形。

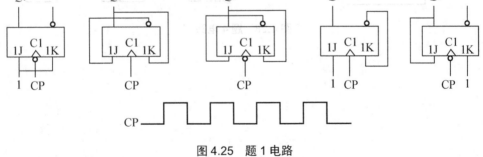

图 4.25　题 1 电路

2．在如图 4.26 所示的各电路中，设各触发器的初始状态均为 0，试根据 CP 的波形对应画出 $Q_1 \sim Q_5$ 的波形。

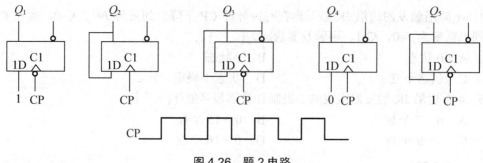

图 4.26　题 2 电路

3. 逻辑电路及 CP 和 A、B 的波形如图 4.27 所示，设触发器的初始状态为 0，试对应画出 Q 的波形。

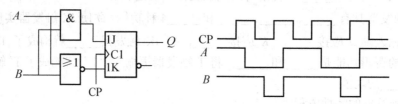

图 4.27　题 3 电路

4. 逻辑电路及 CP 和 D 的波形如图 4.28 所示，设触发器的初始状态为 0，试对应画出 Q 和 Y 的波形。

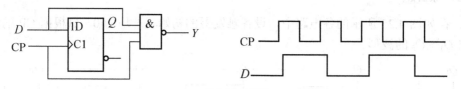

图 4.28　题 4 电路

第 5 章

时序逻辑电路

教学目标

- 熟练掌握时序逻辑电路的分析和设计
- 理解计数器、寄存器等时序逻辑电路的工作原理和逻辑功能
- 熟悉计数器、寄存器等中规模集成电路的使用方法
- 能够设计简单的时序逻辑电路

本章介绍了时序逻辑电路的分析方法以及同步计数器、异步计数器、寄存器及一位寄存器的基本工作原理，接着介绍了有关中规模集成电路的逻辑功能、使用方法和运用，通过项目实训熟悉任意进制计数器的设计方法。

5.1 概　　述

5.1.1 时序逻辑电路的特点

时序逻辑电路简称时序电路，指电路此刻的输出不仅与电路此刻的输入组合有关，还与前一时刻的输出状态有关。它是由门电路和记忆元件(或反馈支路)共同构成的，是数字系统中非常重要的一类逻辑电路。常见的时序逻辑电路有计数器、寄存器和序列信号发生器等。

从时序逻辑电路的特点可知，因为时序逻辑电路能将电路的状态存储起来，所以时序逻辑电路一般由组合电路和存储电路两部分构成，如图 5.1 所示。

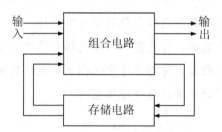

图 5.1　时序逻辑电路的结构框图

存储电路通常以触发器为基本单元电路构成，也可以用门电路加上适当的反馈线构成。存储电路保存电路现有的状态，作为下一个状态变化的条件，而储存的现有状态又反馈到时序逻辑电路的输入端，与外部输入信号共同决定时序逻辑电路的状态变化。

5.1.2 时序逻辑电路的表示方法

时序逻辑电路的逻辑功能可用逻辑函数式、状态转换表、状态转换图及时序图等方法表示，这些表示方法在本质上是相同的，可以相互转换。

时序逻辑电路的逻辑函数式包括时序逻辑电路输出信号的逻辑表达式，称为输出方程；各个触发器输入端信号的逻辑表达式，称为驱动方程；各个触发器次态输出的逻辑表达式，称为输出方程。

5.1.3 时序逻辑电路的分类

触发器按触发脉冲输入方式的不同，时序电路可分为同步时序电路和异步时序电路。同步时序电路是指各触发器状态的变化受同一个时钟脉冲控制；而异步时序电路中，时钟脉冲只触发部分触发器，其余触发器则是由电路内部信号触发的。

按照逻辑功能划分，时序逻辑电路有计数器、寄存器、顺序脉冲发生器等；按能否编程划分，有可编程和不能编程时序逻辑电路之分；按使用的开关元件类型划分，又有 TTL 时序电路和 CMOS 时序电路之分。

5.2　时序电路的分析方法

5.2.1　基本分析步骤

分析时序逻辑电路，就是根据给定的电路图，求出电路的状态转换表、状态转换图或时序图，从而确定电路的逻辑功能和特点。时序逻辑电路的分析比组合逻辑电路的分析要复杂。由于时钟脉冲信号的不同，异步时序逻辑电路的分析比同步时序逻辑电路的分析要复杂。

分析时序电路的目的是确定已知电路的逻辑功能和工作特点。具体步骤如下。

1. 写相关方程式

根据给定的逻辑电路图写出电路中各个触发器的时钟方程、驱动方程、状态方程和输出方程等。

1) 时钟方程

时序电路中各个触发器 CP 脉冲的逻辑关系。

2) 驱动方程

时序电路中各个触发器的输入信号之间的逻辑关系。

3) 状态方程

将驱动方程代入相应触发器的特性方程中，便得到该触发器的状态方程，时序逻辑电路的状态方程由各触发器次态的逻辑表达式组成。

4) 输出方程

时序电路的输出逻辑表达式，通常为现态和输入信号的函数。若无输出时此方程可省略。

2. 求出对应状态值

1) 列状态表

将电路输入信号和触发器现态的所有取值组合代入相应的状态方程，求得相应触发器的次态，列表得出。

2) 画状态图

反映时序电路状态转换规律及相应输入、输出信号取值情况的几何图形。

3) 画时序图

反映输入、输出信号及各触发器状态的取值在时间上对应关系的波形图。

3. 总结

归纳上述分析结果，确定时序电路的功能。

5.2.2 分析举例

【例 5-1】 试分析图 5.2 所示电路的逻辑功能，并画出状态转换图和时序图。

由图 5.2 所示电路可以看出，时钟脉冲 CP 加在每个触发器的时钟脉冲输入端上。因此，它是一个同步时序逻辑电路。

解： (1) 写方程式。

输出方程：
$$Y = Q_2^n \tag{5-1}$$

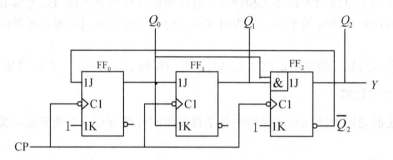

图 5.2　例 5-1 电路

驱动方程

$$\left. \begin{array}{l} J_0 = \overline{Q_2^n}, \ K_0 = 1 \\ J_1 = K_1 = Q_0^n \\ J_2 = Q_0^n Q_1^n, \ K_2 = 1 \end{array} \right\} \tag{5-2}$$

状态方程：将驱动方程式代入 JK 触发器的特性方程 $Q_1^{n+1} = J\overline{Q^n} + \overline{K}Q^n$，便得电路的状态方程为

$$\left. \begin{array}{l} Q_0^{n+1} = J_0 \overline{Q_0^n} + \overline{K_0} Q_0^n = \overline{Q_2^n} \ \overline{Q_0^n} + \overline{1} Q_0^n = \overline{Q_2^n} \ \overline{Q_0^n} \\ Q_1^{n+1} = J_1 \overline{Q_1^n} + \overline{K_1} Q_1^n = Q_0^n \overline{Q_1^n} + \overline{Q_0^n} Q_1^n \\ Q_2^{n+1} = J_2 \overline{Q_2^n} + \overline{K_2} Q_2^n = Q_0^n Q_1^n \overline{Q_2^n} + \overline{1} Q_0^n = Q_0^n Q_1^n \overline{Q_2^n} \end{array} \right\} \tag{5-3}$$

(2) 列状态转换真值表。

设电路的原态为 $Q_2^n Q_1^n Q_0^n = 000$，代入式(5-1)和式(5-2)中进行计算后得 $Y = 0$ 和 $Q_2^{n+1} Q_1^{n+1} Q_0^{n+1} = 001$，这说明输入第 1 个计数脉冲后，电路的状态由 000 翻到 001，然后再将 001 当作原态，即 $Q_2^n Q_1^n Q_0^n = 001$，代入上述两式中进行计算后得 $Y = 0$ 和 $Q_2^{n+1} Q_1^{n+1} Q_0^{n+1} = 010$，即输入第 2 个 CP 脉冲后，电路状态由 001 翻到 010。以此类推，可求得如表 5.1 所示的状态转换真值表。

表 5.1　状态转换真值表

原　态			现　态			输　出
Q_2^n	Q_1^n	Q_0^n	Q_2^{n+1}	Q_1^{n+1}	Q_0^{n+1}	Y
0	0	0	0	0	1	0
0	0	1	0	1	0	0
0	1	0	0	1	1	0
0	1	1	1	0	0	1
1	0	0	0	0	0	0

(3) 功能说明。

由表 5.1 可以看出。图 5.2 所示电路在输入第 5 个计数脉冲 CP 后，返回原来的状态，同时输出端 Y 输出一个进位脉冲。因此，图 5.2 所示电路为同步五进制计算器。

(4) 画状态转换图和时序图。

根据表 5.1 可画出图 5.3(a)所示的状态转换图。图中的圆圈内表示电路的一个状态，即 3 个触发器的状态，箭头表示电路状态的转换方向。Y 为输出值。图 5.3(b)所示为根据表 5.1 画出的时序图。

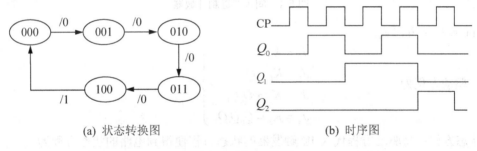

(a) 状态转换图　　　　　　　　　　(b) 时序图

图 5.3　例 5-1 解图

5.3　计　数　器

计数器是用来实现累计电路输入 CP 脉冲个数功能的时序电路。在计数功能的基础上，计数器还可以实现计数、定时、分频和数字测量、运算和控制等功能，从小型数字仪表到大型数字电子计算机，几乎无所不在，是任何现代数字系统中不可缺少的部分。

计数器按照 CP 脉冲的输入方式可分为同步计数器和异步计数器；计数器按照计数规律可分为加法计数器、减法计数器和可逆计数器；计数器按照计数的进制可分为二进制计数器($N=n$)和非二进制计数器($N\neq n$)，其中，N 代表计数器的进制数，n 代表计数器中触发器的个数。

5.3.1 同步计数器

1. 同步二进制计数器

1) 同步二进制加法计数器

图 5.4 所示为由 JK 触发器组成的 4 位同步二进制加法计数器，下降沿触发。下面分析它的工作原理。

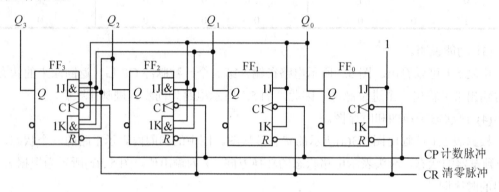

图 5.4 同步二进制计数器

(1) 写相关方程式。

$$\text{驱动方程为} \quad \left. \begin{array}{l} J_0 = K_0 = 1 \\ J_1 = K_1 = Q_0 \\ J_2 = K_2 = Q_0 Q_1 \\ J_3 = K_3 = Q_0 Q_1 Q_2 \end{array} \right\} \tag{5-4}$$

状态方程：将驱动方程代入 JK 触发器的状态方程便得到电路的状态方程为

$$\left. \begin{array}{l} Q_0^{n+1} = J_0 \overline{Q_0^n} + \overline{K_0} Q_0^n = \overline{Q_0^n} \\ Q_1^{n+1} = J_1 \overline{Q_1^n} + \overline{K_1} Q_1^n = Q_0^n \overline{Q_1^n} + \overline{Q_0^n} Q_1^n = Q_0^n \oplus Q_1^n \\ Q_2^{n+1} = J_2 \overline{Q_2^n} + \overline{K_2} Q_2^n = Q_0^n Q_1^n \overline{Q_2^n} + \overline{Q_0^n Q_1^n} Q_2^n = Q_0^n Q_1^n \oplus Q_2^n \\ Q_3^{n+1} = J_3 \overline{Q_3^n} + \overline{K_3} Q_3^n = Q_0^n Q_1^n Q_2^n \overline{Q_3^n} + \overline{Q_0^n Q_1^n Q_2^n} Q_3^n = Q_0^n Q_1^n Q_2^n \oplus Q_3^n \end{array} \right\} \tag{5-5}$$

(2) 求出对应状态值，列状态转换真值表。

设电路的原态为 $Q_3^n Q_2^n Q_1^n Q_0^n = 0000$，代入式(5-5)得到 $Q_3^{n+1} Q_2^{n+1} Q_1^{n+1} Q_0^{n+1} = 0001$，这说明输入第一个计数脉冲后，电路的状态由 0000 翻转到 0001。然后再将 0001 当作现态，及 $Q_3^n Q_2^n Q_1^n Q_0^n = 0001$，代入式(5-5)得到 $Q_3^{n+1} Q_2^{n+1} Q_1^{n+1} Q_0^{n+1} = 0010$，即输入第二个脉冲 CP 后，电路的状态由 0001 翻转到 0010。其余类推。由此可求得表 5.2 所示的状态转换真值表。

表 5.2　同步二进制计数器状态转换真值表

计数脉冲序号	电路状态				等效十进制数
	Q_3	Q_2	Q_1	Q_0	
0	0	0	0	0	0
1	0	0	0	1	1
2	0	0	1	0	2
3	0	0	1	1	3
4	0	1	0	0	4
5	0	1	0	1	5
6	0	1	1	0	6
7	0	1	1	1	7
8	1	0	0	0	8
9	1	0	0	1	9
10	1	0	1	0	10
11	1	0	1	1	11
12	1	1	0	0	12
13	1	1	0	1	13
14	1	1	1	0	14
15	1	1	1	1	15
16	0	0	0	0	0

(3) 画出状态转换图(见图 5.5)和时序图(见图 5.6)。

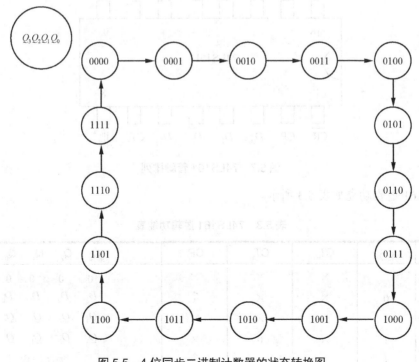

图 5.5　4 位同步二进制计数器的状态转换图

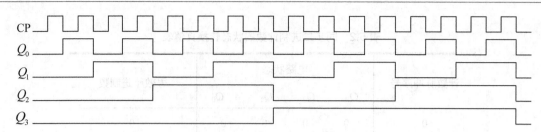

图 5.6   4 位同步二进制计数器的时序图

归纳分析结果，确定该时序电路的逻辑功能。从时钟方程可知该电路是同步时序电路。从状态图可知，随着 CP 脉冲的递增，触发器输出 $Q_3^n Q_2^n Q_1^n Q_0^n$ 值是递增的，且经过 16 个 CP 脉冲完成一个循环过程。

综上所述，此电路是同步 4 位二进制(或十六进制)加法计数器。从图 5.7 所示时序图可知，Q_0^n 端输出矩形信号的周期是输入 CP 信号的周期的 2 倍，所以 Q_0^n 端输出信号的频率是输入 CP 信号频率的 1/2，对应 Q_1^n 端输出信号的频率是输入 CP 信号频率的 1/4，因此 N 进制计数器同时也是一个 N 分频器，分频就是降低频率，N 分频器输出信号频率是其输入信号频率的 N 分之一。

2) 集成同步二进制计数器 74LS161

74LS161 是一种同步 4 位二进制加法集成计数器。其管脚的排列如图 5.7 所示，图中 $\overline{\text{LD}}$ 为同步置数控制端，$\overline{\text{CR}}$ 为异步置零控制端，CT_P 和 CT_T 为计数控制端，$D_0 \sim D_3$ 为并行数据输入端，$Q_0 \sim Q_3$ 为输出端，CO 为进位输出端。

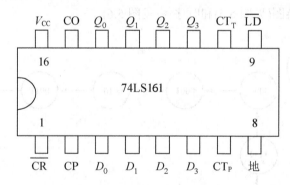

图 5.7   74LS161 管脚排列

74LS161 逻辑功能如表 5.3 所示。

表 5.3   74LS161 逻辑功能表

$\overline{\text{CR}}$	$\overline{\text{LD}}$	CT_P	CT_T	CP	Q_3	Q_2	Q_1	Q_0
0		×	×	×	0	0	0	0
1	0	×	×	↑	D_3	D_2	D_1	D_0
1	1	0	×	×	Q_3	Q_2	Q_1	Q_0
1	1	×	0	×	Q_3	Q_2	Q_1	Q_0
1	1	1	1	↑	加法计数			

由表 5.3 可知，74LS161 有以下功能：

当复位端 $\overline{CR}=0$ 时，输出 $Q_3^n Q_2^n Q_1^n Q_0^n$ 全为零，实现异步清除功能(又称复位功能)。

当 $\overline{CR}=1$，预置控制端 $\overline{LD}=0$，在输入时钟脉冲 CP 上升沿的作用下，$Q_3 Q_2 Q_1 Q_0 = D_3 D_2 D_1 D_0$，实现同步预置数功能。

当 $\overline{CR}=\overline{LD}=1$ 且 $CT_P \cdot CT_T = 0$ 时，输出 $Q_3 Q_2 Q_1 Q_0$ 保持不变。

当 $\overline{CR}=\overline{LD}=CT_P=CT_T=1$ 时，在输入时钟脉冲 CP 上升沿的作用下，计数器才开始加法计数，实现计数功能。

2. 同步十进制计数器

1) 同步十进制加法计数器

图 5.8 所示为同步十进制加法计数器的逻辑电路。由图 5.8 可知，组成该计数器的是 4 个下降沿触发的 JK 触发器。由于各个触发器的时钟脉冲信号都统一连接在 CP 上，所以这是一个同步计数器。

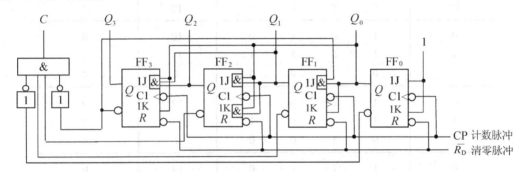

图 5.8 同步十进制加法计数器

输出方程为：$C = Q_3^n \overline{Q_2^n} \overline{Q_1^n} Q_0^n$

驱动方程为：$J_0 = K_0 = 1$

$$J_1 = \overline{Q_3^n} Q_0^n \qquad\qquad K_1 = Q_0^n$$

$$J_2 = K_2 = Q_0^n Q_1^n$$

$$J_3 = Q_0^n Q_1^n Q_2^n \qquad\qquad K_3 = Q_0^n$$

将以上驱动方程代入 JK 触发器的特性方程 $Q^{n+1} = J\overline{Q^n} + \overline{K}Q^n$，得状态方程为

$$Q_2^{n+1} = J_2 \overline{Q_2^n} + \overline{K_2} Q_2^n = Q_0^n Q_1^n \overline{Q_2^n} + \overline{Q_0^n} \overline{Q_1^n} Q_2^n$$

$$Q_3^{n+1} = J_3 \overline{Q_3^n} + \overline{K_3} Q_3^n = Q_0^n Q_1^n Q_2^n \overline{Q_3^n} + \overline{Q_0^n} Q_3^n$$

$$Q_2^{n+1} = J_2 \overline{Q_2^n} + \overline{K_2} Q_2^n = Q_1^n Q_0^n \overline{Q_2^n} + \overline{Q_1^n} \overline{Q_0^n} Q_2^n$$

$$Q_3^{n+1} = J_3 \overline{Q_3^n} + \overline{K_3} Q_3^n = Q_2^n Q_1^n Q_0^n \overline{Q_3^n} + \overline{Q_0^n} Q_3^n$$

根据以上状态方程，列出该计数器的状态表，如表 5.4 所示。

表 5.4   同步十进制加法计数器的状态表

计数脉冲序号	Q_3	Q_2	Q_1	Q_0	等效十进制数	C
0	0	0	0	0	0	0
1	0	0	0	1	1	0
2	0	0	1	0	2	0
3	0	0	1	1	3	0
4	0	1	0	0	4	0
5	0	1	0	1	5	0
6	0	1	1	0	6	0
7	0	1	1	1	7	0
8	1	0	0	0	8	0
9	1	0	0	1	9	1
10	0	0	0	0	10	0
0	1	0	1	0	10	0
1	1	0	1	1	11	0
2	0	1	0	0	4	0
0	1	1	0	0	12	0
1	1	1	0	1	13	0
2	0	1	0	0	4	0
0	1	1	1	0	14	0
1	1	1	1	1	15	0
2	0	0	0	0	0	0

根据状态表画出该计数器的状态图，如图 5.9 所示。

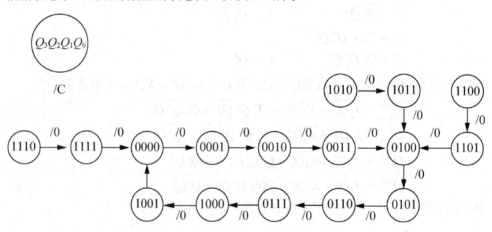

图 5.9   同步十进制加法计数器的状态图

由图 5.9 所示的状态图可以看出，该计数器的有效状态为 0000～1001，共有 10 个，在有效状态内计数器是按照 8421 码进行加法计数的。从图 5.9 还可以看出，1010～1111 这 6 个状态为无效状态，并且从任意一个无效状态开始，都能回到有效状态，所以电路具有自启动能力。

图 5.10 所示为图 5.8 的同步十进制加法计数器的时序图。从初始状态 0000 开始，经过 9 个有效的 CP 脉冲(下降沿)后，计数器返回到原来的状态，并且输出 C 为 1，在第 10 个 CP 下降沿到来后，输出 C 由 1 变为 0。可以利用 C 的这一下降沿作为向高位计数器的进位信号。

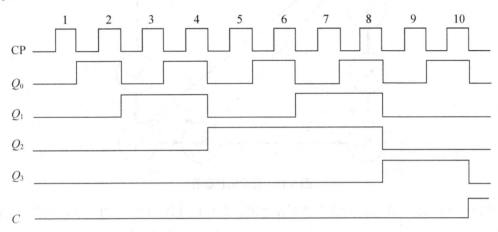

图 5.10　同步十进制加法计数器的时序图

2) 集成同步二进制计数器 74LS160

74LS160 是一种同步十进制加法集成计数器。其管脚排列和功能与 74LS161 相同，如图 5.9 及表 5.4 所示。所不同的仅在于 74LS160 是十进制计数器，而 74LS161 是十六进制计数器。

3. 同步任意进制计数器

目前常见的计数器芯片在计数进制上只做成应用较广的几种类型，如十进制、十六进制、7 位二进制、12 位二进制、14 位二进制等。在需要其他任意一种进制的计数器时，只能用已有的计数器产品经外电路的连接方式得到。

假定已有的是 N 进制计数器，而需要得到 M 进制计数器。分为 $M<N$ 和 $M>N$ 两种情况考虑。

1) 当 $M<N$ 时

在 N 进制计数器的顺序计数过程中，若设法使之跳跃 $N-M$ 个状态，就可以得到 M 进制计数器。

(1) 直接清零法。

直接清零法是利用芯片的复位端 $\overline{\text{CR}}$ 和"与非"门，将 N 所对应的输出二进制代码中等于 1 的输出端，通过"与非"门反馈到集成芯片的复位端 $\overline{\text{CR}}$，使输出回零。设 N 进制计数器，当它从全 0 状态 S_0 开始计数并接收了 M 个计数脉冲以后，电路进入 S_M 状态。当电路一进入 S_M 状态，则立即产生一个置零信号加到计数器的置零输入端，则计数器将返回 S_0 状态(该过程为非常短的瞬间，且其中不需要信号脉冲，故 S_M 不在 M 进制计数器的循环状态中)，这样就可以跳过 N–M 个状态而得到 M 进制计数器了，置零法状态图如图 5.11 所示。

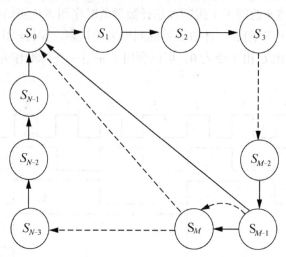

图 5.11　置零法状态图

例如，用 74LS161 芯片构成十进制计数器，令 $\overline{CR} = \overline{LD} = CT_P = CT_T = 1$，因为 N=10，其对应的二进制代码为 1010，将输出端 Q_3 和 Q_1 通过"与非"门接至 74LS161 的复位端 $\overline{CR}$，电路如图 5.12 所示，实现 N 值反馈清零法。该方法适用于有置零输入端的计数器。

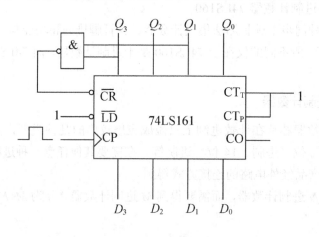

(a) 构成电路

图 5.12　直接清零法构成十进制计数器

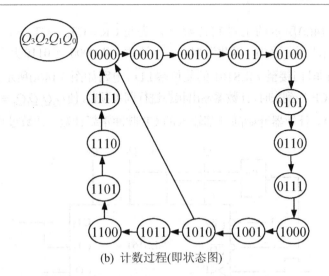

(b)　计数过程(即状态图)

图 5.12　直接清零法构成十进制计数器(续)

当 $\overline{CR}=0$ 时，计数器输出复位清零。因 $\overline{CR}=\overline{Q_3Q_1}$，故由 0 变 1 时，计数器开始加法计数。当第 10 个 CP 脉冲输入时，$Q_3Q_2Q_1Q_0=1010$，"与非"门的输出为 0，即 $\overline{CR}=0$，使计数器复位清零，"与非"门的输出变为 0，即 $\overline{CR}=0$ 时，计数器又开始重新计数。极短的瞬间，且不需要脉冲信号，因此 1010 不在循环状态中。

(2) 预置数法。

而预置数法利用的是芯片的预置控制端 $\overline{LD}$ 和预置输入端 $D_3D_2D_1D_0$，因是同步预置数端，所以只能采用 $N-1$ 值反馈法。N 进制同步式预制数计数器，当它从全 0 状态 S_0 开始计数接收到 $i+1$ 个计数脉冲时，电路进入 S_i 状态。一进入 S_i 状态，则电路立即处于预置数状态(LD=0)，待下一个 CP 脉冲信号到来时，计数器才将状态转变为 S_j 状态(故 S_i 在 M 进制计数器的循环状态中)，随后计数器电路继续循环下去。这样就可以跳过 $N-M$ 个状态而得到 M 进制计数器，预置数法状态图如图 5.13 所示。该方法适用于有预制数功能的计数器。

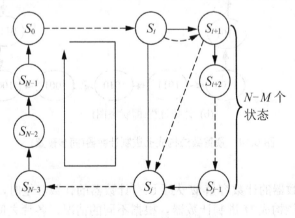

图 5.13　预置数法状态图

例如，图 5.14(a)所示的七进制计数器，先将 $\overline{CR} = CT_P = CT_T = 1$，再令预置输入端 $D_3D_2D_1D_0 = 0000$（即预置数 0），以此为初态进行计数，从 0000 到 0110 共有 7 种状态，将输出端 Q_2、Q_1 通过"与非"门接至 74LS161 的复位端 $\overline{LD}$，电路如图 5.14(a)所示。若 $\overline{LD} = \overline{Q_2Q_1} = 0$，当 CP 脉冲上升沿（CP↑）到来时，计数器输出状态进行同步预置，使 $Q_3Q_2Q_1Q_0 = D_3D_2D_1D_0 = 0000$，随即 $\overline{LD} = \overline{Q_2Q} = 0$，计数器开始随外部输入的 CP 脉冲重新计数，计数过程如图 5.14(b)所示。

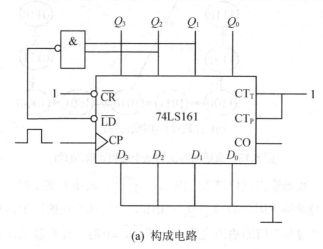

(a) 构成电路

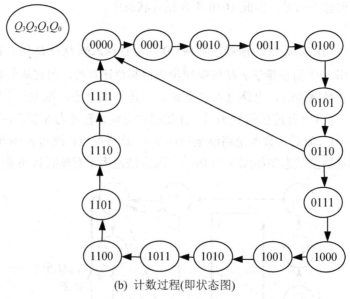

(b) 计数过程(即状态图)

图 5.14 预置数法构成七进制计数器(同步预置)

2) $M > N$ 的情况

当所要设计的计数器的计数容量 M 大于已有计数器的计数容量时，必须将多片 N 进制计数器连接起来，才能构成 M 进制计数器。根据不同的情况，各片之间的连接可采用串行进位方式、并行进位方式、整体复位方式和整体置数方式。

当 M 能分解成 N_1 和 N_2 的乘积时，首先将两片 N 进制的计数器分别设计成 N_1 和 N_2 进制计数器，采用串行进位和并行进位的方式将 N_1 和 N_2 进制计数器连接起来，构成 M 进制计数器。

(1) 串行进位方式。

以低位片的进位输出信号作为高位片的时钟输入信号。

图 5.15 所示为用两片同步十进制计数器接成一百进制计数器。

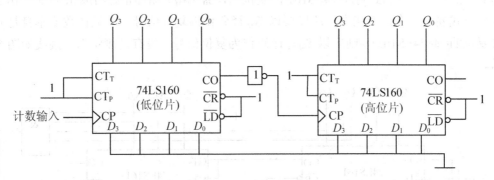

图 5.15　两片 74LS160 串行进位构成的一百进制计数器

两片计数器都工作在计数状态。低位片每计到 9(1001)时，CO 端输出变为高电平，高位片的 CP 由 1 跳变为 0(下降沿)，当下一个计数脉冲到达时，低位片的 CO 端变为 0，高位片的 CP 由 0 跳变为 1(上升沿)，此时，高位片计数增加 1。

(2) 并行进位方式。

以低位片的进位输出信号作为高位片的工作状态控制信号。两片的 CP 输入端同时接计数输入信号。

图 5.16 所示为用两片同步十进制计数器接成一百进制计数器。

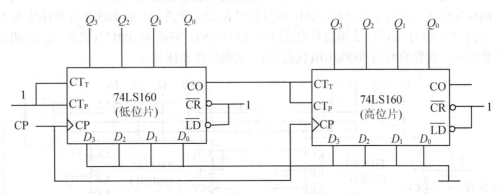

图 5.16　两片 74LS160 并行进位构成的一百进制计数器

每当低位片计到 9(1001)时，CO 端输出变为 1，高位片的 CT_T 和 CT_P 即为 1，当下一个计数脉冲到达时，高位片为计数状态，此时，高位片计数增加 1。而低位片变为 0(0000)状态，其 C 端变为 0，高位片计数状态消失。

当 M 不能分解成 N_1 和 N_2 的乘积时，必须采用整体复位和整体置数的方式。首先将两片 N 进制计数器接成 $N \times N$ 进制的计数器，然后用整体复位法或整体置数法接成 M 进制计数器。

(3) 整体复位方式。

例如，用 74LS161 设计一个一百六十三进制计数器。

先将两片 74LS161 按并行进位方式级联成二百五十六进制，因为 74LS161 的复位方式为异步复位，采用复位法设置计数循环应为 00000000～10100010，应以 10100011 状态译码作为清零信号，同时加到两片 74LS161 的复位端，$S_0 \sim S_{M-1}$ 循环正好组成 M 进制，由于异步复位方式要有一个过渡状态，所以要以 S_M 译码作为复位信号，如果计数器本身是同步方式复位的(如 74LS163)，则应以 S_{M-1} 译码作为复位信号，没有过渡状态。接线如图 5.17 所示。

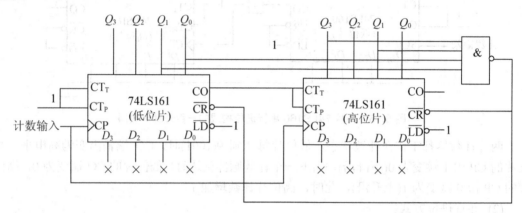

图 5.17　两片 74LS161 整体复位法构成的一百六十三进制计数器

(4) 整体置数方式。

例如，用 74LS161 设计一个一百六十三进制计数器，预置数为 5。

同样先接成二百五十六进制，这时预置数可有 256 种选择！比如选择计数循环为 $S_5 \sim S_{167}$，由于 74LS161 采用同步预置数方式(167-5+1)=163，应以 10100111(状态 S_{167})译码作为预置数信号，预置的数为 00000101(状态 S_5)。接线如图 5.18 所示。

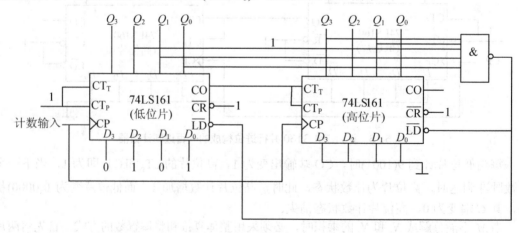

图 5.18　两片 74LS161 整体置数法构成的一百六十三进制计数器

5.3.2　异步计数器

异步 3 位二进制计数器电路如图 5.19 所示。

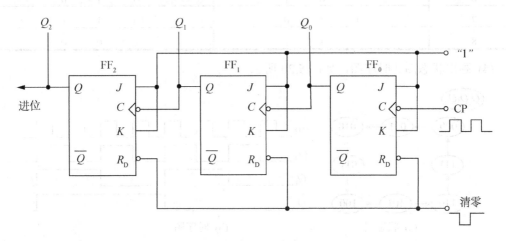

图 5.19　异步 3 位二进制计数器

分析步骤如下：

(1) 写相关方程式。

时钟方程：$CP_0 = CP\downarrow$　　$CP_1 = Q_0\downarrow$　$CP_2 = Q_1\downarrow$

驱动方程：

$$J_0 = K_0 = 1$$
$$J_1 = K_1 = 1$$
$$J_2 = K_2 = 1$$

(2) 求各个触发器的状态方程。

JK 触发器特性方程：　　$Q^{n+1} = J\overline{Q^n} + \overline{K}Q^n\,(CP\downarrow)$

将对应驱动方程式分别代入特性方程式，进行化简变换可得状态方程为

$$Q_0^{n+1} = J_0\overline{Q_0^n} + \overline{K_0}Q_0^n = \overline{Q_0^n}\,(CP\downarrow)$$
$$Q_1^{n+1} = J_1\overline{Q_1^n} + \overline{K_1}Q_1^n = \overline{Q_0^n}\,(Q_0\downarrow)$$
$$Q_2^{n+1} = J_2\overline{Q_2^n} + \overline{K_2}Q_2^n = \overline{Q_2^n}\,(Q_0\downarrow)$$

(3) 求出对应状态值，如表 5.5 所示。

表 5.5　状态转换表

CP	Q_0^n	Q_1^n	Q_2^n	Q_0^{n+1}	Q_1^{n+1}	Q_2^{n+1}
1	0	0	0	0	0	1
2	0	0	1	0	1	0
3	0	1	0	0	1	1
4	0	1	1	1	0	0

CP	Q_0^n	Q_1^n	Q_2^n	Q_0^{n+1}	Q_1^{n+1}	Q_2^{n+1}
5	1	0	0	1	0	1
6	1	0	1	1	1	0
7	1	1	0	1	1	1
8	1	1	1	0	0	0

(4) 画出状态图和时序图，如图 5.20 所示。

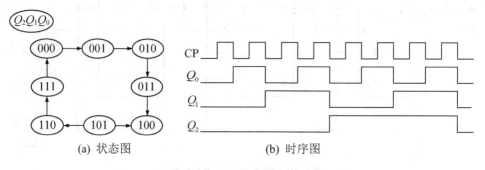

(a) 状态图　　　　　　　　　(b) 时序图

图 5.20　异步 3 位二进制计数器状态图和时序图

(5) 归纳分析结果，确定该时序电路的逻辑功能。

由时钟方程可知该电路是异步时序电路。从状态图可知随着 CP 脉冲的递增，触发器输出 $Q_2Q_1Q_0$ 值是递增的，经过 8 个 CP 脉冲完成一个循环过程。

综上所述，此电路是异步 3 位二进制(或一位八进制)加法计数器。

5.3.3　集成异步计数器

1. 集成异步计数器芯片 74LS290

图 5.21(a)所示为 74LS290 的电路结构框图，由图 5.21 可看出，74LS290 由一个一位二进制计数器和一个五进制计数器两部分组成，图 5.21(b)所示为 74LS290 的逻辑功能图。图中 R_{0A} 和 R_{0B} 为置 0 输入端，S_{9A} 和 S_{9B} 为置 9 输入端，表 5.6 所示为其功能表。

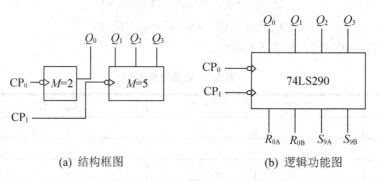

(a) 结构框图　　　　　　　　　(b) 逻辑功能图

图 5.21　74LS290 结构框图和逻辑功能图

表 5.6 74LS290 的功能表

S_{9A}	S_{9B}	R_{0A}	R_{0B}	CP_0	CP_1		Q_3	Q_2	Q_1	Q_0
1	1	×	×	×	×		1	0	0	1
0	×	1	1	×	×		0	0	0	0
×	0									
$R_{0A} \cdot R_{0B} = 0$ $S_{9A} \cdot S_{9B} = 0$				CP	0		二进制			
				0	CP		五进制			
				CP	Q_0		8421BCD 码异步十进制计数器			
				Q_3	CP		输出 $Q_0Q_3Q_2Q_1$ 为 5421BCD 码异步十进制加法计数器			

由表 5.6 可以看出，当复位输入 $R_{0A} \cdot R_{0B} = 1$，且置位输入 $S_{9A} \cdot S_{9B} = 0$ 时，74LS290 的输出被直接置零；只要置位输入 $S_{9A} \cdot S_{9B} = 1$，则 74LS290 的输出将被直接置 9，即 $Q_3Q_2Q_1Q_0 = 1001$；只有同时满足 $S_{9A} \cdot S_{9B} = 0$ 和 $R_{0A} \cdot R_{0B} = 0$ 时，才能在计数脉冲(下降沿)作用下实现二-五-十进制加法计数。

如果计数脉冲由端 CP_0 输入，输出由 Q_0 端引出，即得二进制计数器。

如果计数脉冲由 CP_1 端输入，输出由 $Q_3Q_2Q_1$ 引出，即是五进制计数器。

如果将 Q_0 与 CP_1 相连，计数脉冲由 CP_0 输入，输出由 $Q_3Q_2Q_1Q_0$ 引出，即得 8421 码异步十进制加法计数器。

如果将 Q_3 与 CP_0 相连，计数脉冲由 CP_1 输入，输出由 $Q_0Q_1Q_2Q_3$ 引出，即得 5421 码异步十进制加法计数器。因此，又称此电路为二-五-十进制计数器。

2. 利用异步置 0 功能获得 N 进制计数器

利用计数器的异步置 0 功能可获得 N 进制计数器。需要在状态 S_N 时给计数器的异步清零端或异步置数端发送一个有效脉冲，此时计数器立即被清零或置数，状态 S_N 仅维持很短的时间，不是一个确定的状态。同样，由于是采用归零法，所以在利用异步置数端归零时，计数器的预置数也为 0，主要步骤如下：

(1) 写出状态 S_N 的二进制代码。

(2) 求归零逻辑，即求异步清零端或置数端信号的逻辑表达式。

(3) 根据归零逻辑画连线图。

【例 5-2】试用一片 74LS290 集成计数器构成六进制计数器。

解：写出 S_6 的二进制代码：$S_6 = 0110$。

写出反馈归零函数。由于 74LS290 的异步置 0 信号为高电平 1，因此，只有在 R_{0A} 和 R_{0B} 同时为高电平 1 时，计数器才能被置 0，所以，反馈归零函数 $R_{0A} \cdot R_{0B} = Q_2Q_1$。

画连线图。由上式可知，要实现六进制计数器，应将 R_{0A} 和 R_{0B} 分别接 Q_2 和 Q_1，同时将 S_{9A} 和 S_{9B} 接 0。由于计数容量为 6，大于 5，还应将 Q_0 和 CP_1 相连，连线如图 5.23 所示。

用同样的方法，也可将 74LS290 构成九进制计数器，电路如图 5.22 (b)所示。

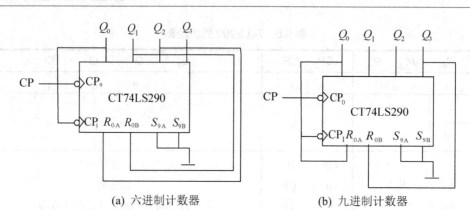

(a) 六进制计数器   (b) 九进制计数器

图 5.22　74LS290 构成的六进制计数器和九进制计数器

构成计数器的进制数与需要使用的芯片片数相适应。例如，用 74LS290 芯片构成二十四进制计数器，$N=24$，就需要两片 74LS290；先将每块 74LS290 均连接成 8421 码十进制计数器，将低位的芯片输出端和高位芯片输入端相连，采用直接清零法实现二十四进制。需要注意的是，其中的"与"门的输出要同时送到每块芯片的置 0 端 R_{0A}，R_{0B}，实现电路如图 5.23 所示。

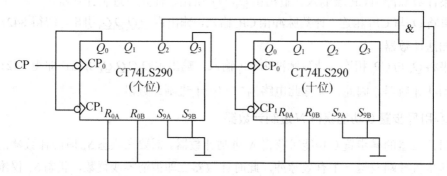

图 5.23　74LS290 构成的 8421 BCD 码二十四进制计数器

5.3.4　课题与实训：N 进制计数功能测试

1. 实训任务

(1) N 进制计数电路的含义及实现的主要方法。

(2) 反馈复位和反馈置数配合门电路实现 N 进制计数器。

2. 实训要求

(1) 利用反馈复位实现七进制计数器。

(2) 利用反馈复位法实现二十四进制计数器。

(3) 利用反馈置数法实现二十六进制计数器。

21世纪高职高专电子信息类实用规划教材

3. 实训设备及元器件

(1) 数字万用表、直流稳压电源、数字电子技术学习机。

(2) 实验电路板(面包板)，74LS196 两片，CD4511 两片，共阴极数码管两片，74LS20 一片。

(3) 74LS00(1 个)。

4. 测试内容

(1) 反馈复位实现七进制计数器，图 5.24 所示为用 74LS196 二-五-十进制实现七进制计数器的电路。利用计数值达到 $Q_3Q_2Q_1Q_0 = 0111$ 时，通过 74LS20 四输入"与非"门(只用其中的 3 个输入端，闲置输入端可不接或者接高电平)将 $Q_2Q_1Q_0$ 全 1 出 0 反馈送到 $\overline{CR}$，作为清零输入信号，使 $Q_3 \sim Q_0$ 全为 0。观察数码管显示情况，记下 8 个脉冲过后数码管显示的数值，填于表 5.7 中。

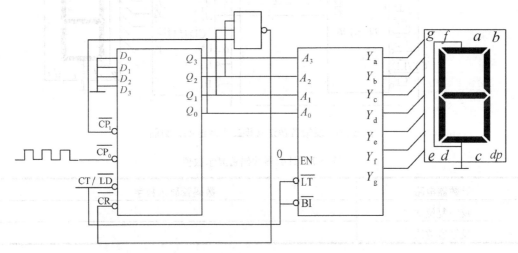

图 5.24　反馈复位法实现七进制计数器

(2) 图 5.25 所示为利用反馈置数法实现二十六进制计数器，图 5.25 中两片 74LS196 二-五-十进制计数器本身连成 8421 编码十进制计数器，低位片 Q_3 在计数器达到十进制数 9，在下一个 $\overline{CP_0}$ 作用下变为 0 时，Q_3 由 1 变 0 产生一个下降沿作为向高位十进制进位的计数脉冲信号，当两片计数器达到 26，即高位输出为 0010，低位输出为 0110，将这 3 个 1 通过"与非"门的输出 $Y = 0$ 使 $CT/\overline{LD}$ 执行置数，两片均置数为全 0，此后 $Y = 1$，两片计数器又可进行计数功能，在计数器未达到 26 时，Y 始终为 1，直到计数达 26，Y 又为 0，显示数值为 00~25。观察数码管显示的数值填于表 5.7 中。

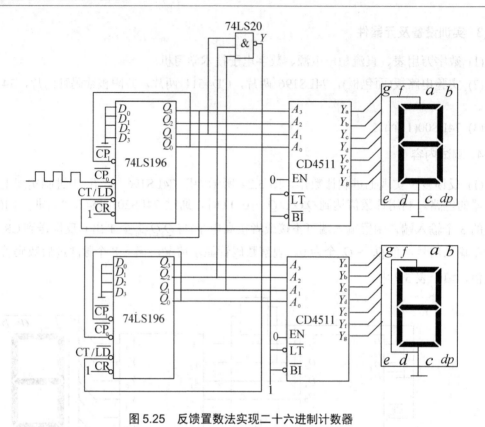

图 5.25　反馈置数法实现二十六进制计数器

表 5.7　计数器数码管显示数值

计数器电路	数码管显示数字
反馈复位法	
反馈置数法	

5.4　寄存器和移位寄存器

在数字系统中，常需要将一些数码暂时存放起来，寄存器用于寄存一组二值代码，它广泛用于各类数字系统和数字计算机中。

5.4.1　寄存器

一个触发器可以寄存 1 位二进制数码，要寄存 N 位数码，就应具备 N 个触发器。此外，寄存器还应具有由门电路构成的控制电路，以保证信号的接收和清除。图 5.26 所示为 4 个 D 触发器构成的 4 位数码寄存器。

21世纪高职高专电子信息类实用规划教材

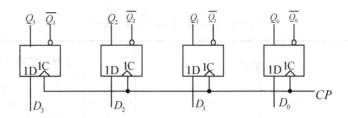

图 5.26 4 位数码寄存器逻辑电路

接收数码时，所有数码都是同时读入的，称并行输入方式；读取数码时，所有数据是同时读出的，称为并行输出方式。

5.4.2 移位寄存器

移位寄存器除了接收、存储、输出数据以外，同时还能将其中寄存的数据按一定方向进行移动。移位寄存器有单向移位寄存器和双向移位寄存器之分。

1. 单向移位寄存器

单向移位寄存器只能将寄存的数据在相邻位之间单方向移动。按移动方向分为左移移位寄存器和右移移位寄存器两种类型。右移移位寄存器电路如图 5.27 所示。

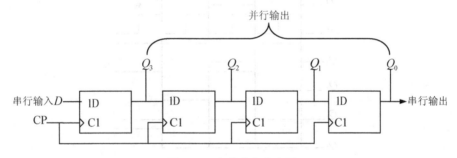

图 5.27 右移移位寄存器

功能分析：

(1) 时钟方程：$CP_0 = CP_1 = CP_2 = CP_3 = CP\uparrow$

驱动方程：$D_0 = Q_1^n$ $D_1 = Q_2^n$ $D_2 = Q_2^n$ $D_3 = D$

D 触发器特征方程：$Q^{n+1} = D(CP\uparrow)$

(2) 将对应驱动方程分别代入 D 触发器特征方程，进行化简变换可得状态方程为

$$Q_0^{n+1} = Q_1^n (CP\uparrow)$$
$$Q_1^{n+1} = Q_2^n (CP\uparrow)$$
$$Q_2^{n+1} = Q_3^n (CP\uparrow)$$
$$Q_3^{n+1} = D(CP\uparrow)$$

(3) 假定电路初态为零，而此电路输入数据 D 在第一、二、三、四个 CP 脉冲时依次为 1、0、1、1，根据状态方程，可得到对应的电路输出 $D_3 D_2 D_1 D_0$ 的变化情况，如表 5.8 所示。

表 5.8　右移移位寄存器输出变化

CP	输入数据	右移移位寄存器输出			
	D	D_3	D_2	D_1	D_0
0	0	0	0	0	0
1	1	1	0	0	0
2	0	0	1	0	0
3	1	1	0	1	0
4	1	1	1	0	1

根据表 5.8 可画出右移移位寄存器时序图，如图 5.28 所示。

(4) 确定该时序电路的逻辑功能。由时钟方程可知，该电路是同步电路。

从表 5.8 和时序图 5.28 可知，在图 5.27 所示右移移位寄存器电路中，随着 CP 脉冲的递增，触发器输入端依次输入数据 D，称为串行输入。输入一个 CP 脉冲，数据向右移动一位。输出有两种方式：数据从最右端 Q_0 依次输出，称为串行输出；由 $Q_3Q_2Q_1Q_0$ 端同时输出，称为并行输出。串行输出需要经过八个 CP 脉冲才能将输入的 4 个数据全部输出，而并行输出只需 4 个 CP 脉冲。

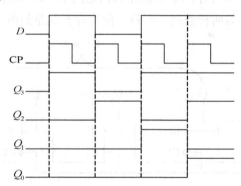

图 5.28　右移移位寄存器时序图

左移移位寄存器电路如图 5.29 所示，请自行分析其功能。

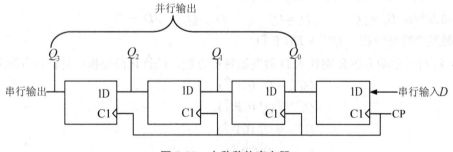

图 5.29　左移移位寄存器

通过分析图 5.27 和图 5.29 所示电路可知，数据串行输入端在电路最左侧为右移，反之为左移，两种电路在实质上是相同的。无论左移还是右移，串行输入数据必须先送离输入端最远的触发器要存放的数据，如表 5.8 所示；否则会出现数据存放错误。列状态表要按照电路结构图中从左到右各变量的实际顺序来排列，画时序图时，要结合状态表先画离数据输入端 D 端最近的触发器的输出。

2. 双向移位寄存器

既可将数据左移又可将数据右移的寄存器称为双向移位寄存器。图 5.30 所示为 4 位双向移位寄存器。

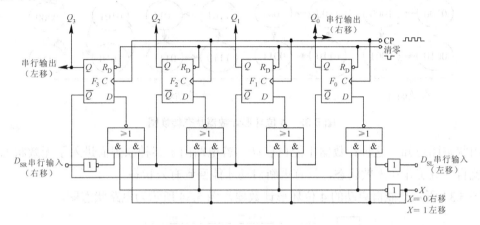

图 5.30　4 位双向移位寄存器

在图 5.30 中，X 是工作方式控制端。当 $X=0$ 时，实现数据右移寄存功能；当 $X=1$ 时，实现数据左移寄存功能；D_{SL} 是左移串行输入端，而 D_{SR} 是右移串行输入端。

3. 移位寄存器的应用

1) 实现数据传输方式的转换

在数字电路中，数据的传送方式有串行和并行两种，而移位寄存器可实现数据传送方式的转换。如图 5.27 所示，既可将串行输入转换为并行输出，也可将串行输入转换为串行输出。

2) 构成移位型计数器

(1) 环形计数器。　环形计数器是将单向移位寄存器的串行输入端和串行输出端相连，构成一个闭合的环，根据初始状态设置的不同，在输入计数脉冲 CP 的作用下，环形计数器的有效状态可以循环移位一个 1，也可以循环移位一个 0。即当连续输入 CP 脉冲时，环形计数器中各个触发器的输出端将轮流出现矩形脉冲。所以环形计数器又称为环形脉冲分配器，如图 5.31 所示。

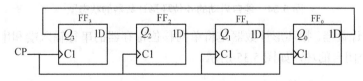

图 5.31　4 位环形计数器逻辑电路

实现环形计数器时，必须设置适当的初态，且输出 $Q_3Q_2Q_1Q_0$ 端初始状态不能完全一致(即不能全为 1 或 0)，这样电路才能实现计数，环形计数器的进制数 N 与移位寄存器内的触发器个数 n 相等，即 $N=n$，状态变化如图 5.32 所示(电路中初态为 0100)。

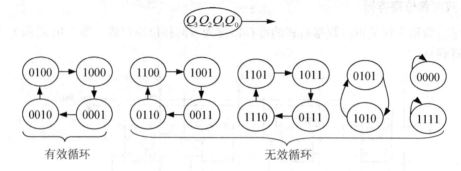

图 5.32 4 位环形计数器状态转换图

由状态图可知，这种计数器不能自启动，若电路由于某种原因而进入了无效状态，计数器就将一直工作在无效状态，只有重新启动才能回到有效状态。

图 5.33 所示是能自启动的 4 位环形计数器。图 5.34 所示为电路状态图。

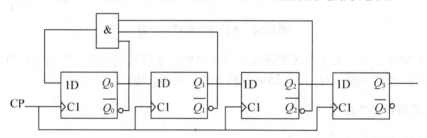

图 5.33 能自启动的 4 位环形计数器

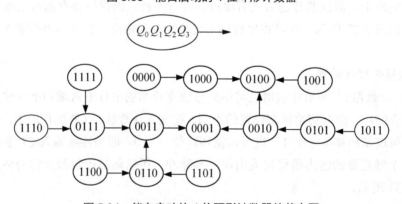

图 5.34 能自启动的 4 位环形计数器的状态图

(2) 扭环形计数器。扭环形计数器是将单向移位寄存器的串行输入端和串行反相输出端相连，构成一个闭合的环，如图 5.35 所示。

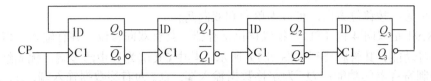

图 5.35 4 位扭环形计数器逻辑电路

图 5.36 所示为 4 位扭环形计数器的状态图。

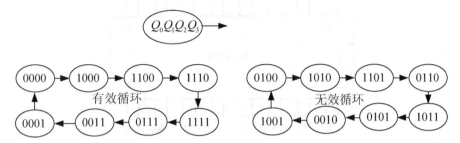

图 5.36 4 位扭环形计数器的状态图

图 5.37 是能自启动的 4 位扭环形计数器的逻辑电路。

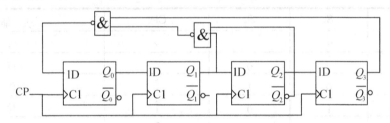

图 5.37 4 位扭环形计数器逻辑电路

图 5.38 所示为图 5.37 能自启动的 4 位扭环形计数器的状态图。

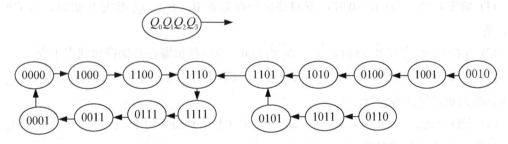

图 5.38 能自启动的 4 位扭环形计数器的状态图

实现扭环形计数器时,不必设置初态。扭环形计数器的进制数 N 与移位寄存器内的触发器个数 n 满足 $N = 2n$ 的关系,状态变化如图 5.39 所示。扭环形计数器的特点是计数器每次状态变化时仅有一个触发器翻转。缺点是仍然没有利用触发器的所有状态,n 位扭环形计数器只有 $2n$ 个有效状态,有 $2^n - 2n$ 个状态没有利用。

4. 集成移位寄存器

集成移位寄存器从结构上可分为 TTL 型和 CMOS 型;按寄存数据位数,可分为 4 位、

8 位、16 位等；按移位方向，可分为单向和双向两种。

74LS194 是双向 4 位 TTL 型集成移位寄存器，具有双向移位、并行输入、保持数据和清除数据等功能。其管脚排列如图 5.39 所示。其中 $\overline{CR}$ 端为异步清零端，优先级别最高；S_1、S_2 控制寄存器的功能；D_{SL} 为左移数据输入端；D_{SR} 为右移数据输入端；A、B、C、D 为并行数据输入端。表 5.9 是 74LS194 的功能表。

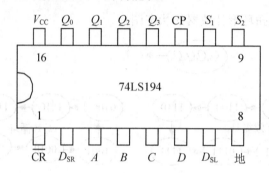

图 5.39　74LS194 管脚排列

表 5.9　74LS194 的功能表

$\overline{CR}$	S_1	S_2	CP	功　能
0	×	×	×	清零
1	0	0	×	保持
1	0	1	↑	右移
1	1	0	↑	左移
1	1	1	↑	并行输入

功能说明：

(1) 清零功能。当 $\overline{CR}=0$ 时，双向移位寄存器置 0。$Q_0 \sim Q_3$ 都为 0 状态。与 CP 没有关系。

(2) 保持功能。当 $\overline{CR}=1$ 时，S_1、S_2 均为 0，双向移位寄存器保持原状态不变。

(3) 右移功能。当 $\overline{CR}=1$，$S_1=0$，$S_2=1$，在 CP 上升沿作用下，执行右移功能，D_{SR} 端输入的数码依次送入寄存器。

(4) 左移功能。当 $\overline{CR}=1$，$S_1=1$，$S_2=0$，在 CP 上升沿作用下，执行左移功能，D_{SL} 端输入的数码依次送入寄存器。

(5) 并行输入功能。当 $\overline{CR}=1$，$S_1=1$，$S_2=1$，在 CP 上升沿作用下，使 A、B、C、D 端输入的数码并行送入寄存器的 $Q_3 Q_2 Q_1 Q_0$ 端。

【例 5-3】用两片 74LS194 接成 8 位双向移位寄存器。

解：将其中一片的 Q_3 接到另一片的 D_{SR} 端，将另一片的 Q_0 接到该片的 D_{SL} 端；同时把两片的 S_1、S_2、CP、CP 和 $\overline{CR}$、$\overline{CR}$ 分别接在一起，作为整个电路的 S_1、S_2、CP 和 $\overline{CR}$ 即可，如图 5.40 所示。

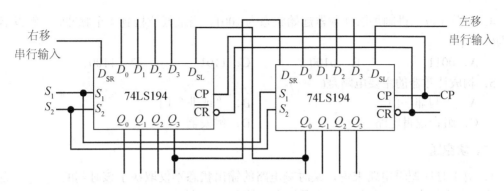

图 5.40 例 5-3 接线

本 章 小 结

(1) 时序逻辑电路是数字系统中非常重要的逻辑电路，与组合逻辑电路既有联系又有区别，时序逻辑电路的输出不仅和输入有关，而且还与电路原来的状态有关。基本分析方法一般有 4 个步骤，常用的时序逻辑电路有计数器和寄存器。

(2) 描述时序逻辑电路逻辑功能的方法有逻辑图、状态方程、驱动方程、输出方程、状态转换真值表、状态转换图和时序图等。

(3) 计数器是记录输入脉冲个数的部件。计数器按照 CP 脉冲的工作方式分为同步计数器和异步计数器。按基数进制分为二进制计数器、十进制计数器和任意进制计数器。按计数增减分为加法计数器、减法计数器和加/减法计数器。

(4) 寄存器按功能可分为数据寄存器和移位寄存器，移位寄存器既能接收、存储数据，又可将数据按一定方式移动。移位寄存器有单向移位寄存器和双向移位寄存器。

习 题

一、选择题

1. 时序逻辑电路的主要组成电路是(　　)。
   A．"与非"门和"或非"门　　　　　　B．触发器和组合逻辑电路
   C．施密特触发器和组合逻辑电路　　D．整形电路和多谐振荡器
2. 同步时序逻辑电路和异步时序逻辑电路比较，其差别在于后者(　　)。
   A．没有触发器　　　　　　　　　　B．没有统一的时钟脉冲控制
   C．没有稳定状态　　　　　　　　　D．输出只与内部状态有关
3. 构造一个模 10 同步计数器，需要(　　)个触发器。
   A．3 个　　　　　　B．4 个　　　　　　C．5 个　　　　　　D．10 个

4．一个 4 位二进制加法计数器起始状态为 1001，当最低位接到 4 个脉冲时，触发器状态为(　　)。

　　A．0011　　　　　B．0100　　　　　C．1101　　　　　D．1100

5．构成计数器的主要电路是(　　)。

　　A．"与非"门　　　　　　　　　　B．"或非"门

　　C．组合逻辑电路　　　　　　　　　D．触发器

二、填空题

1．对于时序逻辑电路来说，某时刻电路的输出状态不仅取决于该时刻的_____，而且还取决于电路的_____，因此，时序逻辑电路具有_____性。

2．时序逻辑电路按其状态改变是否受统一定时信号控制，可将其分为_____和_____两种类型。

3．3 位二进制加法计数器最多能累计_____个脉冲。若要记录 12 个脉冲，需要_____个触发器。

4．N 级触发器可以记忆_____种不同的状态。

5．求二进制计数器最大计数值：1 位计数器_____；2 位计数器_____；3 位计数器_____；4 位计数器_____。

6．具有移位功能的寄存器称为_____；它又可分为_____和_____。

7．4 位移位寄存器可存_____个数码，若将这些数码全部从串行输出端输出时，需输入_____个移位脉冲。

三、综合题

1．试分析图 5.41 所示时序逻辑电路的逻辑功能。写出它的驱动方程、状态方程，列出状态转换表，画出状态转换图和时序图。

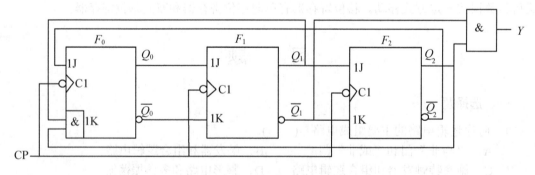

图 5.41　题 1 逻辑电路

2．直接清零法，将集成计数器 74LS290 (74LS290 的功能图如图 5.42 所示)构成三进制计数器和九进制计数器，画出逻辑电路图。

3．直接清零法，将集成计数器 74LS161(74LS161 功能图如图 5.43 所示)构成十三进制计数器，画出逻辑电路图。

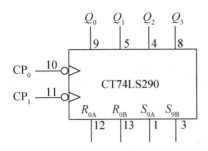

图 5.42　题 2 逻辑电路

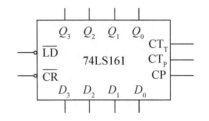

图 5.43　74LS161 功能图

4. 用预置复位法，将集成计数器 74LS161(74LS161 功能图如图 5.43 所示)构成七进制计数器，画出逻辑电路图。

第6章

脉冲波形的产生与整形

教学目标

- 理解脉冲波形的产生与整形的原理
- 理解 555 定时器的结构框图和工作原理
- 掌握 555 定时器的应用电路及其工作原理
- 熟悉单稳态、多谐振荡器及施密特电路，并能掌握其应用本章节是以 555 设计制作振荡电路为项目，通过对 555 理论知识的简介，从实际使用目标出发，最终设计并制作出振荡电路，并在设计制作振荡电路的过程中能够正确使用万用表、示波器等仪表仪器。

6.1 555 定时器

555 定时器又称时基电路，是一种将模拟功能和数字功能巧妙结合在一起的中规模集成电路。因其电路功能灵活，只要外接少许的阻容元件就可构成施密特触发器、单稳态触发器和多谐振荡器等电路。故在信号的产生与整形、自动检测及控制、报警电路、家用电器等方面都有广泛的应用。

6.1.1 电路组成

555 定时器按照内部元件分为双极型(又称 TTL 型)和单极型两种。双极型内部采用的是 TTL 晶体管；单极型内部采用的则是 CMOS 场效应管。功能完全一样，区别是 TTL 定时器驱动能力大于 CMOS 定时器。下面以 TLL 集成定时器 NE555 为例进行介绍。

NE555 集成定时器内部电路如图 6.1 所示，它主要由 3 个电阻 R 组成的分压器、两个高精度电压比较器 C_1 和 C_2、一个基本 RS 触发器、一个作为放电的三极管 VT 及输出驱动 G_3 组成。

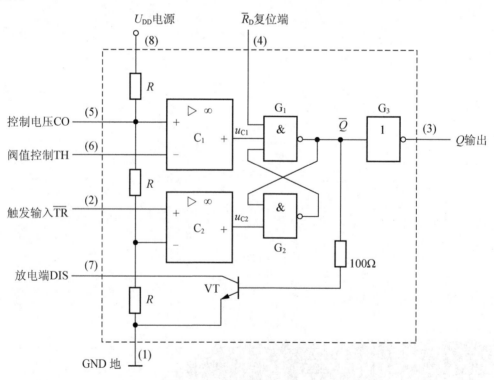

图 6.1　NE555 集成定时器内部电路

图 6.2 所示为 555 定时器的逻辑符号和引脚排列。

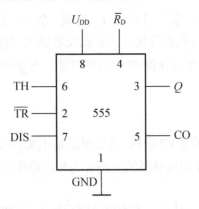

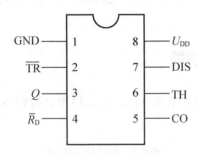

图 6.2 555 逻辑符号和引脚排列

1. 分压器

分压器由 3 个阻值相等的电阻串联而成，将电源电压 U_{DD} 3 等分，其作用是为比较器 C_1 和 C_2 提供两个参考电压 U_{+1}(比较器 C_1 同相输入端，引脚 5)、U_{-2}(比较器 C_2 反相输入端)，若控制电压端 CO 悬空或通过电容接地，则有

$$U_{-2} = \frac{1}{3}U_{DD}$$

如果在 TH 端外接电压，可改变比较器 C_1 和 C_2 的参考电压。

2. 比较器

比较器 C_1 和 C_2 是两个结构完全相同的高精度电压比较器。C_1 的输入端为阈值控制端 TH(引脚 6)。

当 $U_{TH} > U_{+1}$ 时，比较器 C_1 输出端 u_{C1} 为低电平，即逻辑"0"。

当 $U_{TH} < U_{+1}$ 时，比较器 C_1 输出端 u_{C1} 为高电平，即逻辑"1"。

C_2 的输入端为触发输入端 $\overline{TR}$ (引脚 7)

当 $U_{\overline{TR}} > U_{-2}$ 时，比较器 C_2 输出端 u_{C2} 为高电平，即逻辑"1"。

当 $U_{\overline{TR}} < U_{-2}$ 时，比较器 C_2 输出端 u_{C2} 为低电平，即逻辑"0"。

3. 基本 RS 触发器

基本 RS 触发器由两个"与非"门 G_1 和 G_2 组成。C_1、C_2 的输出电压 u_{C1}、u_{C2} 作为基本 RS 触发器的输入端。u_{C1}、u_{C2} 状态改变,决定触发器输出端 Q 和 $\overline{Q}$ 端的状态。

$\overline{R_D}$ 是专门设置的可从外部进行置"0"的复位端,当 $\overline{Q}=0$ 时,经反相后将 "与非"门封锁输出为 0。

4. 放电开关和输出驱动

放电开关由一个晶体三极管 VT 组成,其基极受基本 RS 触发器输出端 $\overline{Q}$ 的控制。当 $\overline{Q}=1$ 时,三极管导通,放电端 DIS 通过导通的三极管为外电路提供放电的通路;当 $\overline{Q}=0$,三极管截止,放电通路被截断。

反相器 G_3 构成输出驱动,具有一定的电流驱动能力。同时,输出级还起隔离负载对定时器影响的作用。

6.1.2 定时器的逻辑功能

结合图 6.1 所示电路结构及上述分析,可以很容易得到 NE555 定时器的功能如表 6.1 所示。

表 6.1 NE555 功能表

$\overline{R_D}$	TH	$\overline{TR}$	Q(输出)	VT(放电管)	功能说明
0	×	×	0	导通	直接复位
1	$>\dfrac{2}{3}U_{DD}$	$>\dfrac{1}{3}U_{DD}$	0	导通	复位
1	$<\dfrac{2}{3}U_{DD}$	$>\dfrac{1}{3}U_{DD}$	原状态	原状态	保持
1	$<\dfrac{2}{3}U_{DD}$	$<\dfrac{1}{3}U_{DD}$	1	截止	置位

6.1.3 课题与实训 1: 555 定时器逻辑功能测试

1. 实训任务

(1) 用仪表仪器测试 555 定时器的逻辑功能。
(2) 分析和仿真 555 定时器的逻辑功能。
(3) 记录并比较测试结果。

2. 实训要求

(1) 熟悉 555 定时器的符号、逻辑功能、引脚排列。
(2) 小组之间相互学习和交流,比较实训结果。

3．实训设备及元器件

(1) 实训设备：直流稳压电源 1 台、面包板 1 块、单股导线若干、万用表(数字表、指针表各 1 块)。

(2) 实训器件：一只 0.01μF 的电容、一只 1kΩ 的电阻、一块 NE555。

4．测试内容

1) 测试电路

测试电路如图 6.3 所示。

2) 测试步骤

(1) 按图 6.3 所示接好电路，并在放电端 DIS 和输出端 OUT 分别接入电压表 XMM1 和 XMM2，用来测量各自的电压值。

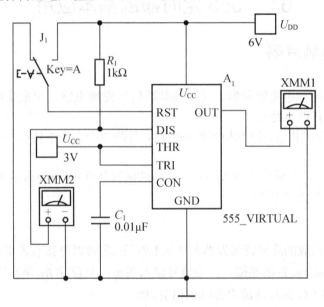

图 6.3　555 定时器功能测试电路

(2) 将开关 J_1 打到左边(复位端 RES 为高电平)，接入电源电压 $U_{DD}=6V$，并使 $U_{CC}=4.5V$(即满足 $U_{TH} > \dfrac{2}{3}U_{DD}$，$U_{\overline{TR}} > \dfrac{1}{3}U_{DD}$)，分别用电压表 XMM1 和 XMM2 测量 555 定时器的输出端 OUT 和放电端 DIS 的电压，并记录在表 6.2 中。

(3) 保持步骤(2)的条件不变，并使 $U_{CC}=3V$(即满足 $U_{TH} < \dfrac{2}{3}U_{DD}$，$U_{\overline{TR}} > \dfrac{1}{3}U_{DD}$)，分别将电压表 XMM1 和 XMM2 的读数记录在表 6.2 中。

(4) 保持步骤(2)的条件不变，并使 $U_{CC}=3V$(即满足 $U_{TH} < \dfrac{2}{3}U_{DD}$，$U_{\overline{TR}} < \dfrac{1}{3}U_{DD}$)，分别将电压表 XMM1 和 XMM2 的读数记录在表 6.2 中。

(5) 将开关 J_1 打到右边(复位端 RES 为低电平)，分别将电压表 XMM1 和 XMM2 的读数记录在表 6.2 中。

5. 测试结论

将上述测量结果与 555 定时器的功能表 6.1 加以比较。

表 6.2 555 定时器功能测试

RES	TH(V)	TR/(V)	OUT(V)	DIS(V)	功能说明
高电平	4.5	4.5			
高电平	3	3			
高电平	1.5	1.5			
低电平	×	×			

6.2 555 定时器的基本应用

6.2.1 施密特触发器

施密特触发器也称电平触发器,是一种脉冲信号变换电路,用来实现整形、变换和幅值的鉴别等。它具有以下特点:

(1) 具有两个稳定状态,即双稳态触发电路,且两个稳态的维持和相互转换与输入电压的大小有关。

(2) 对于正向和负向增长的输入信号,电路的触发转换电平(阈值电平)不同,即具有回差特性,其差值称为回差电压。

1. 电路组成

由 555 定时器构成的施密特触发器如图 6.4 所示,定时器外接直流电源和地;阈值控制端 TH 和触发输入端 $\overline{\text{TR}}$ 直接连接,作为信号输入端 u_i;复位端 $\overline{R}_D$ 接直流电源 U_{DD}(即接高电平),控制电压端 CO 通过滤波电容(0.01μF)接地。

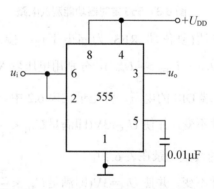

图 6.4 555 定时器组成的施密特触发器

2. 工作原理

设输入信号 u_i 为最常见的三角波,且三角波幅度大于 555 定时器的参考电压

$U_{-1} = \dfrac{2}{3}U_{DD}$，电路输入/输出波形如图 6.5 所示。

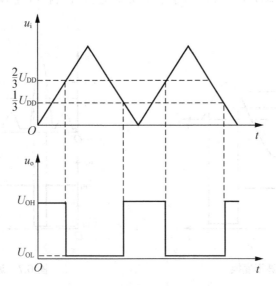

图 6.5 施密特触发器波形

当输入电压 $u_i < \dfrac{1}{3}U_{DD}$ 时，比较器 C_1、C_2 输出端 $u_{C1}=1$、$u_{C2}=0$，基本 RS 触发器置 0，$u_o=U_{OH}$，电路处于第一稳态。

当输入电压 $\dfrac{1}{3}U_{DD} < u_i < \dfrac{2}{3}U_{DD}$ 时，比较器 C_1、C_2 输出端 $u_{C1}=1$、$u_{C2}=1$，基本 RS 触发器维持原来的状态，$u_o=U_{OH}$。

当输入电压 $u_i > \dfrac{2}{3}U_{DD}$ 时，比较器 C_1、C_2 输出端 $u_{C1}=0$、$u_{C2}=1$，基本 RS 触发器置 1，$u_o=U_{OL}$，电路处于第二稳态。

电路的输出电压由高电平 U_{OH} 转变为低电平 U_{OL} 时对应的输入电压值，称为上限阈值电压 U_{T+}，$U_{T+}=\dfrac{2}{3}U_{DD}$。电路的输出电压由低电平 U_{OL} 转变为高电平 U_{OH} 时对应的输入电压值，称为下限阈值电压 U_{T-}，$U_{T-}=\dfrac{1}{3}U_{DD}$。上限阈值电压 U_{T+} 和下限阈值电压 U_{T-} 值大小不同，这两者之差，称为回差电压 ΔU_T

$$\Delta U_T = U_{T-} - U_{T+} = \dfrac{1}{3}U_{DD} \tag{6-1}$$

回差电压 ΔU_T 的大小可通过在控制电压 CO 端上外加电压得以实现。回差电压 ΔU_T 越大，施密特触发器的抗干扰性越强，但施密特触发器的灵敏度也会相应降低。

3. 典型应用

(1) 波形变换。施密特触发器可以将三角波、正弦波等变换为矩形波输出信号。如图 6.6 所示，施密特触发器将正弦波变换为矩形波。

(2) 脉冲波形整形。施密特触发器可以将一个不规则的波形进行整形，得到一个良好的波形，如图 6.7 所示，输入电压为受干扰的波形，通过施密特触发器变为规则的矩形波。

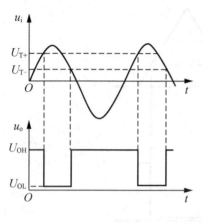

图 6.6　波形变换

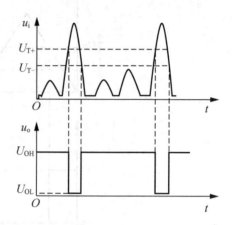

图 6.7　波形的整形

(3) 脉冲幅度鉴别。施密特触发器可用来将幅度较大的脉冲信号鉴别出来。图 6.8 所示输入信号为一系列随机的脉冲波，通过施密特电路可以将幅度大于某值的输入脉冲检测出来。

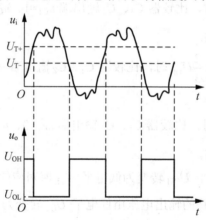

图 6.8　脉冲幅度鉴别

6.2.2　课题与实训 2：施密特触发器的测试

1. 实训任务

(1) 用仪表仪器测试施密特触发器的功能。

(2) 分析和仿真施密特触发器的功能。

(3) 记录并观测测试结果。

2. 实训要求

(1) 熟悉 555 定时器的符号、逻辑功能、引脚排列。

(2) 熟悉施密特触发器的构成。

(3) 小组之间相互学习和交流,比较实训结果。

3. 实训设备及元器件

(1) 实训设备: 双路直流稳压电源、信号发生器 1 台、双踪示波器 1 台、面包板 1 块、单股导线若干、万用表(数字表、指针表各 1 块)。

(2) 实训器件:一只 0.01μF 的电容、一只 1kΩ 的电阻、一块 NE555。

4. 测试内容

1) 测试电路

测试电路如图 6.9 所示。

2) 测试步骤

(1) 按图 6.9 所示接好电路,在输入端接入信号发生器,并用示波器分别观测输入端和输出端的波形。

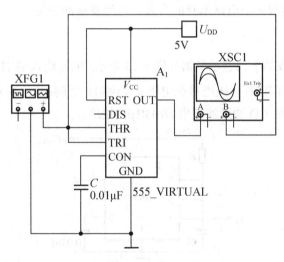

图 6.9 测试电路

(2) 将信号发生器设置为幅值为 3V、频率为 1kHz 的正弦波,分别观测输入/输出端的波形,并记录上限阈值 U_{T+} 和下限阈值 U_{T-} 于表 6.3 中。

(3) 将信号发生器设置为幅值为 3.5V、频率为 1kHz 的三角波,分别观测输入/输出端的波形,并记录上限阈值 U_{T+} 和下限阈值 U_{T-} 于表 6.3 中。

5. 测试结论

将上述测量结果与图 6.7、图 6.8 加以比较。

表 6.3　施密特触发器测试

波　形	$U_{T+}(V)$	$U_{T-}(V)$	输入波形	输出波形
正弦波			u_i	u_o
三角波			u_i	u_o

6.2.3　单稳态触发器

单稳态触发器不同于施密特触发器，它具有下述显著特点：

(1) 具有一个暂态，一个稳态。

(2) 在外来触发脉冲作用下，能从稳态翻转到暂态，暂态在保持一定时间后，再自动返回到稳定状态，并在输出端产生一定宽度的矩形脉冲。

(3) 矩形脉冲宽度取决于电路本身的参数，与触发脉冲无关。

1. 电路组成

由 555 定时器构成的单稳态触发器如图 6.10 所示，触发输入端 $\overline{\text{TR}}$ 作为信号输入端 u_i，放电端 DIS 与阈值控制端 TH 直接连接在电阻 R 和电阻 C 之间；复位端 $\overline{R}_D$ 接直流电源 U_{DD}(即接高电平)，控制电压端 CO 通过滤波电容(0.01μF)接地。

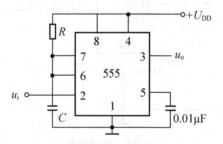

图 6.10　555 定时器组成的单稳态触发器

2. 工作原理

设单稳态触发器无触发脉冲信号时，输入端处于高电平 u_i =1。若电容 C 上的电压 U_C=0，此时单稳态触发器输出端 u_o =0(低电平)。

(1) 稳态。如果直流电源 U_{DD} 接通以后，单稳态触发器停在 u_o =0，则放电三极管 VT 导通，放电端 DIS 通过放电管 VT 接地，电容 C 两端的电压 U_C=0。因阈值控制端 TH 和放电端 DIS 直接连接于电容 C 上，所以阈值控制端 TH 也为低电平，即 $U_{TH} = 0 < U_{+1} = \dfrac{2}{3}U_{DD}$，

而 $U_{\overline{\text{TR}}} = u_i = 1 > U_{-2} = \dfrac{1}{3}U_{DD}$，根据 555 定时器功能可知，此时电路处于 $u_o = 0$ 的保持状态。

假若直流电源 U_{DD} 接通以后，单稳态触发器停在 $u_o = 1$，则放电三极管 VT 截止，则 U_{DD} 通过 R 对 C 充电。当 U_C 上升到 $\dfrac{2}{3}U_{DD}$ 时，触发器输出端置零，即 $u_o = 0$(低电平)。同时，放电管 VT 导通，电容 C 通过放电三极管 VT 开始放电，使得 U_C 趋向于零，即 $U_C = 0$(低电平)。单稳态触发器仍然处于 $u_o = 0$ 的保持状态。把此时电路保持原态"0"不变的这种状态，称为单稳态触发器的稳定状态。单稳态电路输入/输出波形如图 6.11 所示。

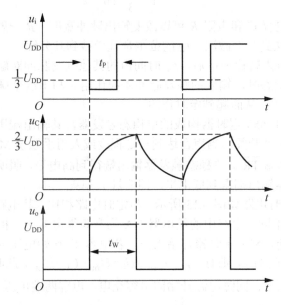

图 6.11　单稳态触发器输入/输出波形

(2) 触发翻转。当触发脉冲的下降沿到达时，使得 $U_{\overline{\text{TR}}} = u_i = < U_{-2} = \dfrac{1}{3}U_{DD}$ 时，此令 U_C 为低电平，即 $U_C = 0$。则有 $u_o = 1$，电路进入暂稳态。同时放电三极管 VT 截止，U_{DD} 通过 R 对 C 充电。

(3) 暂稳态。在暂稳态期间，同时放电三极管 VT 截止，U_{DD} 通过 R 对 C 充电。充电常数 $\tau = RC$，U_C 按指数规律上升，趋向于 U_{DD}。

(4) 自动恢复。当 U_C 充电到 $\dfrac{2}{3}U_{DD}$ 时，如果此时输入信号的触发脉冲已消失，则单稳态触发器 $u_o = 0$，放电三极管 VT 导通，电容 C 通过放电三极管 VT 开始放电，电路自动恢复到稳态 $u_o = 0$。

3. 典型应用

(1) 定时。暂稳状态持续的时间又称输出脉冲宽度，用 t_W 表示。它由电路中电容两端的电压来决定。电容上的电压 u_C 从充、放电开始到变化至某一数值 U_D 所经历的时间 t 可以用下列公式计算得到，即

$$t = RC \ln \frac{u_C(\infty) - u_C(0)}{u_C(\infty) - U_D} \qquad (6-2)$$

在式(6-2)中，$u_C(0)$ 是电容未充电时的起始电压；$u_C(\infty)$ 是电容充电后的最终电压。

由图 6.11 可知，电容电压从起始电压 $u_C(0) \approx 0$ 充到 $\frac{2}{3}U_{DD}$（式中的 U_D）的时间 t_W 可由式(6-2)求得

$$t_W = RC \ln \frac{U_{DD} - 0}{U_{DD} - \frac{2}{3}U_{DD}} = RC \ln 2 = 0.7RC \qquad (6-3)$$

由此可知，调节电容 C 和电阻 R 可以改变输出脉冲宽度。R 一般为几百欧到几兆欧，电容 C 一般为几百皮法到几百微法，t_W 的范围是几微秒到几分钟。

当单稳态触发器进入暂稳态以后，t_W 时间内的其他触发脉冲对触发器就不起作用；只有当触发器处于稳定状态时，输入的触发脉冲才起作用。利用这个脉冲去控制某电路，可使电路在 t_W 时间内动作，从而起到定时作用。

如图 6.12 所示，用 555 定时器构成的单稳态触发器，其输出端用来控制楼道的照明灯 L。其中 M 为声控或手动开关，当声音达到一定程度或人用手触摸 M 时，它会感应出一个负脉冲作用到触发输入端 $\overline{TR}$。单稳态触发器输出端得到高电平，照明灯 L 点亮，当暂稳态 t_W 时间结束时，触发器输出端得到低电平，照明灯 L 熄灭。

(2) 延时。典型延时电路如图 6.13 所示，与定时电路相比，其电路的主要区别是电阻 R 和电容 C 连接的位置不同。电路中的继电器 KA 为常断继电器，二极管 VD 的作用是限幅保护。当直流电源接通，555 定时器开始工作，若电容 C 初始电压为零，因电容两端电压 U_C 不能突变，而 $U_{DD} = U_C + U_R$，则有 $U_{TH} = U_{\overline{TR}} = U_R = U_{DD} - U_C = U_{DD}$，此时延时器的输出 $u_o = 0$，继电器常开触点保持断开；同时电源开始向电容充电，电容两端电压 U_C 不断上升，而电阻两端电压 U_R 对应下降，当 $U_C > U_{+1} = \frac{2}{3}U_{DD}$ 时，即 $U_{TH} = U_{\overline{TR}} = U_R = U_{DD} - U_C < U_{-2} = \frac{1}{3}U_{DD}$ 时，延时器的输出 $u_o = 1$，继电器常开触点闭合；电容充电至 $U_C = U_{DD}$ 时结束，此时电阻两端电压 $U_R = 0$，电路输出保持在 $u_o = 1$，从直流电接通到继电器 KA 闭合这段时间，称为延时时间。

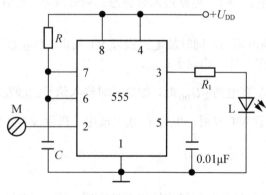

图 6.12　定时器应用

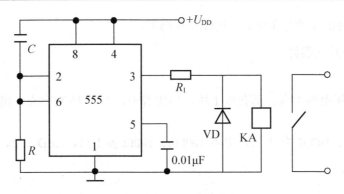

图 6.13　延时器应用

(3) 脉冲整形。单稳态触发器也可以将一个不规则的输入信号整形成为幅度和宽度都相同的标准矩形脉冲，其幅度取决于单稳态电路的输出电平高低，脉冲宽度取决于暂稳态脉冲宽度 t_W。如图 6.14 所示，输入电压为不规则的波形，通过单稳态触发器设置合适的脉冲宽度 t_W，可将其变为规则的矩形波。

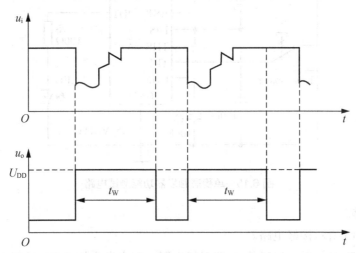

图 6.14　单稳态触发器对脉冲整形

6.2.4　课题与实训 3：单稳态触发器的测试

1. 实训任务

(1) 用仪表仪器测试单稳态触发器的功能。

(2) 分析和仿真单稳态触发器的功能。

(3) 记录并观测测试结果。

2. 实训要求

(1) 熟悉 555 定时器的符号、逻辑功能、引脚排列。

(2) 熟悉单稳态触发器的构成。

(3) 小组之间相互学习和交流，比较实训结果。

3. 实训设备及元器件

1) 实训设备

双路直流稳压电源 1 台、面包板 1 块、导线若干、万用表(数字表、指针表各 1 块)。

2) 实训器件

电容 0.01μF、100μF 各 1 只，电阻 100kΩ、100Ω 各 1 只，LED 1 个，NE555 一块。

4. 测试内容

1) 测试电路

测试电路如图 6.15 所示。

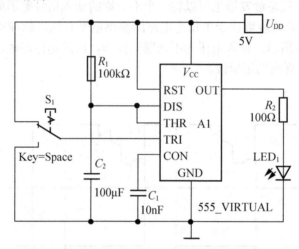

图 6.15　单稳态触发器功能测试电路

2) 测试步骤

(1) 按图 6.15 所示接好电路。

(2) 接通电源 U_{DD} 后，将开关 S_1 置于低电平，观察发光管 LED_1 的状态＿＿＿＿(发光、不发光、发光后熄灭)。

(3) 在发光管 LED_1 点亮期间，切换开关 S_1，观测发光管 LED_1 状态＿＿＿＿(会、不会)随之改变。

(4) 用示波器观测输出端的波形，并测试发光管 LED_1 点亮的维持时间。

6.2.5　多谐振荡器

多谐振荡器是一种自激振荡电路，是一种无稳态电路，只有两个暂稳态(输出状态不断在"1"和"0"之间变换)，故也将多谐振荡器称为无稳态触发器。

多谐振荡器在接通电源后，不需要外加触发信号，电路就能在两个暂稳态之间相互翻转，产生矩形脉冲信号，因为矩形脉冲信号含有丰富的谐波成分，所以常将矩形脉冲产生电路，称为多谐振荡器。

多谐振荡器的特点是：无稳态，只有两个暂稳态，无需触发信号。

1. 电路组成

由 555 定时器构成的多谐振荡器如图 6.16 所示。阈值控制端 TH 和触发输入端 $\overline{\text{TR}}$ 直接连接，放电回路中串接了一个电阻 R_2。电路中 R_1、R_2、C 均是定时元件。

2. 工作原理

设零时刻电容初始电压为零，即 $U_C=0$。接通电源后，因电容两端电压 U_C 不能突变，则有 $U_{TH}=U_{\overline{TR}}=U_C=0<\frac{1}{3}U_{DD}$，根据 555 定时器功能可知，此时电路输出端 $u_o=1$(第一暂稳态)。放电三极管 VT 截止，直流电源 U_{DD} 通过电阻 R_1、R_2 向电容 C 充电，电容电压 U_C 开始上升，当电容两端电压 $U_C\geq\frac{2}{3}U_{DD}$ 时，有 $U_{TH}=U_{\overline{TR}}=U_C\geq\frac{2}{3}U_{DD}$，则电路的输出由第一暂稳态 $u_o=1$ 跳转到第二暂稳态 $u_o=0$。此时放电三极管 VT 导通，电容 C 不再充电，反而通过电阻 R_2 和放电三极管 VT 放电，电容电压 U_C 开始下降；当电容 C 两端电压 $U_C<\frac{1}{3}U_{DD}$ 时，则又有 $U_{TH}=U_{\overline{TR}}=U_C=0<\frac{1}{3}U_{DD}$，电路的输出端由第二暂稳态 $u_o=0$ 返回到第一暂稳态 $u_o=1$。放电三极管 VT 再次截止，直流电源 U_{DD} 通过电阻 R_1、R_2 向电容 C 开始充电，电容电压 U_C 开始上升，电路又进入第二暂稳态 $u_o=0$。反复如此，就可在输出端得到矩形波形。多谐振荡器输出波形如图 6.17 所示。

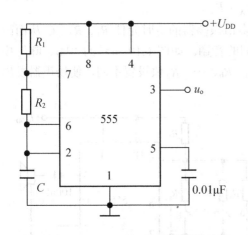

图 6.16　555 定时器组成的多谐振荡器　　　　图 6.17　多谐振荡器波形

该电路的振荡周期 T 计算如下：

$$\tau_{放}=R_2C\ln\frac{0-\frac{2}{3}U_{DD}}{0-\frac{1}{3}U_{DD}}=R_2C\ln 2=0.7R_2C \tag{6-4}$$

$$\tau_{充} - (R_1 + R_2)C \ln \frac{U_{DD} - 0}{U_{DD} - \frac{2}{3}U_{DD}} = (R_1 + R_1)C \ln 2 = 0.7(R_1 + R_2)C \qquad (6\text{-}5)$$

$$T = \tau_{放} + \tau_{充} = 0.7R_2C + 0.7(R_1 + R_2)C = 0.7(R_1 + 2R_2)C \qquad (6\text{-}6)$$

则振荡频率 $f = \dfrac{1}{T} = \dfrac{1}{0.7(R_1 + 2R_2)C}$，可见，改变 R_1、R_2 和 C 值即达到改变振荡频率的目的。

对于矩形波，除了用幅度、周期来衡量以外，还存在一个占空比参数 q，$q = \dfrac{t_W}{T}$，t_W 是指一个周期内高电平所占时间。则图 6.16 所示电路输出矩形的占空比为

$$q = \frac{t_W}{T} = \frac{t_2}{T} = \frac{R_1 + R_2}{R_1 + 2R_2}$$

3. 典型应用

(1) 产生矩形脉冲。图 6.16 所示电路只能产生频率固定、占空比大于 0.5 的矩形波，而实际需要往往要求占空比 q 能在 0～1 可变、频率可调的振荡电路。故将多谐振荡器电路(见图 6.16)略加改进即可得到占空比可变、频率可调的多谐振荡器。如图 6.18 所示，它将充、放电回路分开了。充电回路为 R_A、D_2、C，放电回路为 C、D_1、R_B 和放电管 VT。改变 R_W 不改变 $R_A + R_B$ 值。所以该电路振荡周期 T 为

$$T = \tau_{放} + \tau_{充} = 0.7R_BC + 0.7R_AC = 0.7(R_A + R_B)C \qquad (6\text{-}7)$$

振荡频率

$$f = \frac{1}{T} = \frac{1}{0.7(R_A + R_B)C} \qquad (6\text{-}8)$$

占空比

$$q = \frac{t_W}{T} = \frac{\tau_{充}}{T} = \frac{R_A}{R_A + R_B} \qquad (6\text{-}9)$$

(2) 模拟声响。模拟声响电路就是通过调节多谐振荡器的定时元件 R_1、R_2、C 从而改变振荡器的输出频率，使外接的发声器件发出不同的音调。如图 6.19 所示的"嘟、咪"模拟发声器，通过接通开关 a、b、…、g，因电阻 R_a、R_b、…、R_g 值设置不同，使扬声器发出"嘟、咪"的模拟声音。

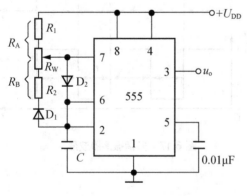

图 6.18　占空比、频率可调振荡器

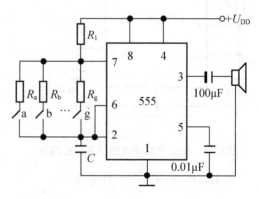

图 6.19　"嘟、咪"模拟发声器

6.2.6　课题与实训 4：100Hz 振荡电路的调试

1．实训任务

(1) 用 555 定时器构建 100Hz 的振荡电路。

(2) 记录并观测测试结果。

2．实训要求

(1) 熟悉 555 振荡电路的构成方法。

(2) 熟悉 555 振荡电路的调试方法。

(3) 熟悉 555 振荡电路振荡频率的计算和测试方法。

3．实训设备及元器件

(1) 实训设备：直流稳压电源 1 台、双踪示波器 1 台、面包板 1 块、单股导线若干、万用表(数字表、指针表各 1 块)。

(2) 实训器件：可调电容 1 只、0.01μF 的电容 1 只、固定电阻 1 只、电位器 1 个、NE555 1 块。

4．测试内容

1) 测试电路

测试电路如图 6.20 所示。

2) 测试步骤

(1) 按图 6.20 所示接好电路，其中 U_{DD}=5V，R_W=1kΩ，C=0.47μF，R_1=100Ω。

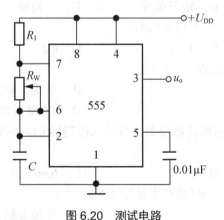

图 6.20　测试电路

(2) 在输出端接频率计，调节电位器 R_W 使输出频率 f=100Hz，并通过示波器观测输出波形。

(3) 通过测试计算该波形的占空比 q。

(4) 将电容 C 改为 0.22μF，重新调整电位器 R_W，使输出频率 f=100Hz，并计算该波形的占空比。

本 章 小 结

(1) 555 定时器是一种电路结构简单、使用方便灵活、应用非常广泛的模拟与数字电路相结合的中规模集成电路，它具有较强的负载能力和较高的触发灵敏度，因而在自动控制、仪器仪表、家用电器等许多领域都有着广泛的应用。

(2) 在 555 定时器外部接少许阻容元器件，可构成单稳态触发器、施密特触发器和多谐振荡器。

(3) 单稳态触发器只有一个稳态，在输入触发信号作用下，由稳态进入暂稳态，经一段时间后，自动回到原来的稳态，输出单脉冲信号。单稳态触发器主要用于脉冲整形、定时、脉宽展宽等。

(4) 施密特触发器有两个稳态，具有滞后电压传输特性，主要用于波形变换、整形及脉冲幅度的鉴别等。

(5) 多谐振荡器是一种自激振荡电路，它无稳态，只有两个暂稳态，接通电源后，无须外加触发脉冲信号，依靠电容的充放电，电路便能在两个暂稳态之间相互翻转，产生矩形脉冲信号。

习　　题

一、选择题

1. 多谐振荡器可产生(　　)。
    A．正弦波　　　　　B．矩形脉冲　　　　C．三角波　　　　　D．锯齿波
2. 单稳态触发器有(　　)个稳定状态。
    A．0　　　　　　　B．1　　　　　　　C．C2　　　　　　D．3
3. 555 定时器不可以组成(　　)。
    A．多谐振荡器　　　　　　　　　　　B．单稳态触发器
    C．施密特触发器　　　　　　　　　　D．JK 触发器
4. 用 555 定时器组成施密特触发器，当输入控制端 CO 外接 10V 电压时，回差电压为(　　)。
    A．3.33V　　　　　B．5V　　　　　　C．6.66V　　　　　D．10V
5. 以下各电路中，(　　)可以产生脉冲定时。
    A．多谐振荡器　　　　　　　　　　　B．单稳态触发器
    C．施密特触发器　　　　　　　　　　D．石英晶体多谐振荡器

二、填空题

1. 占空比的定义是_____与_____的比值。
2. 施密特触发器具有_____现象；单稳触发器只有_____个稳定状态。

3．在数字系统中，单稳态触发器一般用于_____、_____、_____等。

4．施密特触发器除了可用作矩形脉冲整形电路外，还可以用做_____、_____。

5．多谐振荡器在工作过程中不存在稳定状态，故又称为_____。

6．单稳态触发器的工作原理是：没有触发信号时，电路处于一种_____。外加触发信号时，电路由_____翻转到_____。电容充电时，电路由_____自动返回至_____。

三、判断题

1．多谐振荡器电路没有稳定状态，只有两个暂稳态。　　　　　　　　　（　　）

2．脉冲宽度与脉冲周期的比值叫作占空比。　　　　　　　　　　　　（　　）

3．施密特触发器可用于将三角波变换成正弦波。　　　　　　　　　　（　　）

4．施密特触发器有两个稳态。　　　　　　　　　　　　　　　　　　（　　）

5．多谐振荡器的输出信号的周期与阻容元件的参数有关。　　　　　　（　　）

6．单稳态触发器的暂稳态时间与输入触发脉冲宽度成正比。　　　　　（　　）

7．555 定时器分 TTL 和 CMOS 两大类。　　　　　　　　　　　　　（　　）

8．多谐振荡器是一种他激振荡器电路，该电路在接通电源后需外接触发信号才能产生一定频率和幅值的矩形脉冲或方波。　　　　　　　　　　　　　　　　　（　　）

9．单稳态触发器有外加触发信号时，电路由暂稳态翻转到稳态。　　　（　　）

10．对于施密特触发器，使电路输出信号从 0 翻转到 1 的电平与从 1 翻转到 0 的电平是不同的。　　　　　　　　　　　　　　　　　　　　　　　　　　　　（　　）

四、综合题

1．由 555 组成的电路分别如图 6.21(a)、(b)、(c)所示。

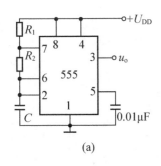　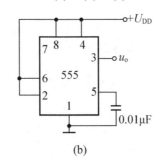　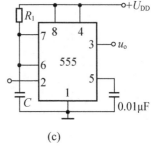

(a)　　　　　　　　　　(b)　　　　　　　　　　(c)

图 6.21　题 1 电路

(1) 说出各组成何种功能电路。

(2) 图 6.21(a)所示电路中，若 U_{DD}=5V、R_1=15kΩ、R_2=25kΩ、C=0.033μF，则 u_o 的振荡频率 f 为多少？

(3) 图 6.21(b)所示电路中，若 U_{DD}=5V、则电路的 U_{T-}、U_{T+}、和回差电压各为多少？

(4)图 6.21(c)电路中，输出脉宽与哪些量有关？若 R_1=10kΩ、C= 6200pF，输出脉宽 t_W 为多少？

2．单稳态触发器的特点有哪些？施密特触发器具有什么特点？

3. 如图 6.22 所示，电路工作时能够发出"呜……呜"间歇声响，试分析电路的工作原理。R_{11}=100kΩ，R_{12}=390kΩ，C_1=10μF，R_{21}=100 kΩ，R_{22}=620kΩ，C_2=1000pF，则 f_1、f_2 分别为多少？

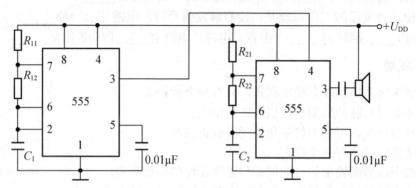

图 6.22 题 3 电路

第 7 章

半导体存储器

教学目标

- 理解存储器的概念
- 了解只读存储器(ROM)的工作原理
- 掌握随机存取存储器(RAM)的应用

本章主要讨论半导体存储器。半导体存储器以其品种多、容量大、速度快、耗电省、体积小、操作方便、维护容易等优点，在数字设备中得到广泛应用。目前微型计算机的内存普遍采用了大容量的半导体存储器。

数字信息在运算或处理过程中，需要使用专门的存储器进行较长时间的存储，正是因为有了存储器，计算机才有了对信息的记忆功能。

7.1　存储器的概念

7.1.1　存储器的定义

存储器(Memory)是数字系统中记忆大量信息的部件。它的功能是存放不同程序的操作指令及各种需要计算、处理的数据，所以它相当于数字系统存储信息的仓库。

一个存储器的存储容量越大，所记忆的信息就越多，由于它记忆的代码和数据多，其功能也越强。

典型的存储器就是由数以千万计的有记忆功能的存储单元组成，每个存储单元可存放一位二进制数码和信息。

随着大规模集成电路制造技术的发展，半导体存储器因其集成度高、体积小、速度快，已被广泛应用于各种数字系统中。

7.1.2　存储器的分类

从信息的存储情况来看，存储器可分为随机存取存储器和只读存储器两大类。

在计算机和其他数字系统中，通常需要这样的数字部件：不仅要存储大量的信息，而且在操作过程中能任意"读取"某个单元信息，或在某个单元"写入"需存储的信息，具有以上功能的数字部件就称"随机存取存储器"，其英文名称为 Random Access Memory，可用缩写形式"RAM"表示。随机存取存储器还常称为"读/写存储器"。

而只读存储器是一种在正常工作时，它的存储数据是固定不变的存储器。也就是在正常工作时，存储器数据只能读出，不能写入。要在只读存储器中存入或改变数据，必须具备特定的条件。只读存储器的英文名称为 Read Only Memory，可用缩写形式"ROM"表示。

RAM 和 ROM 都分别有双极型电路组成的部件和单极型 MOS 电路构成的部件。MOS 的 RAM 电路又可分成静态和动态电路两种。ROM 电路按照存储信息的写入方式一般可分为固定 ROM、可编程 ROM(PROM)和可擦除可编程 ROM(EPROM)3 种。固定 ROM 的存储内容是在出厂时已写好的，用户无法改变它里面的信息；PROM 的存储内容可由用户写入，但一经写入后就无法改变了，也就是说，它只能写一次；EPROM 的存储内容不仅可以写入，而且可以擦除后改写，不过这种擦除和改写只能在特定的条件下进行，正常情况下只能读出数据。

可以被编程，写入预定信息的存储器除了上面讲到的 PROM、EPROM 外，还有可编程序逻辑阵列 PLA(Programmable Logic Array)、可编程序阵列逻辑 PAL(Programmable Array Logic)及通用阵列逻辑 GAL(General Array Logic)。在本教材中仅仅介绍 PROM、EPROM 及 PLA，对 PAL 及 GAL 则做些知识性的简单说明。半导体存储器的分类情况用图 7.1 简单表示。

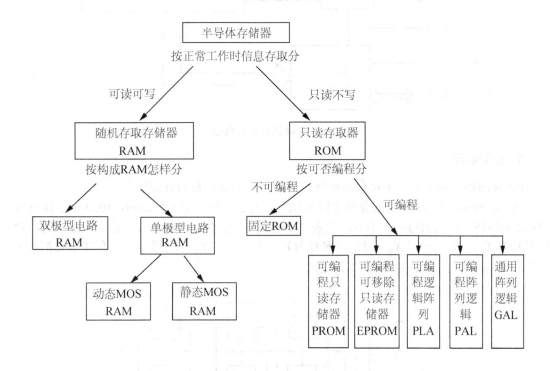

图 7.1　半导体存储器的分类

7.2　随机存取存储器

随机存取存储器(RAM)也叫作读/写存储器，既能方便地读出所存数据，又能随时写入新的数据。RAM 的缺点是数据的易失性，即一旦掉电所存的数据全部丢失。

7.2.1　RAM 的基本结构

RAM 由存储矩阵、地址译码器、读/写控制器、输入/输出控制、片选控制等几部分组成，如图 7.2 所示。

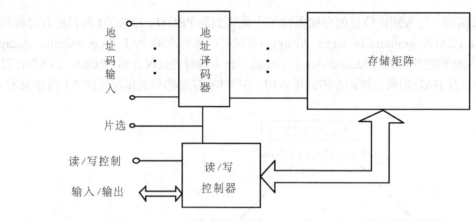

图 7.2　RAM 结构示意框图

1. 存储矩阵

RAM 的核心部分是一个寄存器矩阵，用来存储信息，称为存储矩阵。

图 7.3 所示是 1024×1 位的存储矩阵和地址译码器。属多字 1 位结构，1024 个字排列成 32×32 的矩阵，中间的每一个小方块代表一个存储单元。为了存取方便，给它们编上号，32 行编号为 X_0、X_1、…、X_{31}，32 列编号为 Y_0、Y_1、…、Y_{31}。这样每一个存储单元都有了一个固定的编号(X_i 行、Y_j 列)，称为地址。

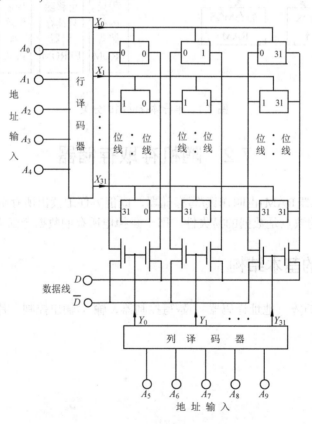

图 7.3　1024×1 位 RAM 的存储矩阵

2. 址译码器

址译码器的作用是将寄存器地址所对应的二进制数译成有效的行选信号和列选信号，从而选中该存储单元。

存储器中的地址译码器常用双译码结构。上例中，行地址译码器用 5 输入 32 输出的译码器，地址线(译码器的输入)为 A_0、A_1、$\cdots$、A_4，输出为 X_0、X_1、$\cdots$、X_{31}；列地址译码器也用 5 输入 32 输出的译码器，地址线(译码器的输入)为 A_5、A_6、$\cdots$、A_9，输出为 Y_0、Y_1、$\cdots$、Y_{31}，这样共有 10 条地址线。例如，输入地址码 $A_9A_8A_7A_6A_5A_4A_3A_2A_1A_0 = 0000000001$，则行选线 $X_1 = 1$、列选线 $Y_0 = 1$，选中第 X_1 行第 Y_0 列的那个存储单元。从而对该寄存器进行数据的读出或写入。

3. 读/写控制

访问 RAM 时，对被选中的寄存器，究竟是读还是写，通过读/写控制线进行控制。如果是读，则被选中单元存储的数据经数据线、输入/输出线传送给 CPU；如果是写，则 CPU 将数据经过输入/输出线、数据线存入被选中单元。

一般 RAM 的读/写控制线高电平为读，低电平为写；也有的 RAM 读/写控制线是分开的，一根为读，另一根为写。

4. 输入/输出

RAM 通过输入/输出端与计算机的中央处理单元(CPU)交换数据，读出时它是输出端，写入时它是输入端，即一线二用，由读/写控制线控制。输入/输出端数据线的条数，与一个地址中所对应的寄存器位数相同。例如，在 1024×1 位的 RAM 中，每个地址中只有一个存储单元(1 位寄存器)，因此只有一条输入/输出线；而在 256×4 位的 RAM 中，每个地址中有 4 个存储单元(4 位寄存器)，所以有 4 条输入/输出线。也有的 RAM 输入线和输出线是分开的。RAM 的输出端一般都具有集电极开路或三态输出结构。

5. 片选控制

由于受 RAM 的集成度限制，一台计算机的存储器系统往往是由许多片 RAM 组合而成的。CPU 访问存储器时，一次只能访问 RAM 中的某一片(或几片)，即存储器中只有一片(或几片)RAM 中的一个地址接受 CPU 访问，与其交换信息，而其他片 RAM 与 CPU 不发生联系，片选就是用来实现这种控制的。通常一片 RAM 有一根或几根片选线，当某一片的片选线接入有效电平时，该片被选中，地址译码器的输出信号控制该片某个地址的寄存器与 CPU 接通；当片选线接入无效电平时，则该片与 CPU 之间处于断开状态。

6. RAM 的输入/输出控制电路

图 7.4 给出了一个简单的输入/输出控制电路。

当选片信号 CS＝1 时，G_5、G_4 输出为 0，三态门 G_1、G_2、G_3 均处于高阻状态，输入/输出(I/O)端与存储器内部完全隔离，存储器禁止读/写操作，即不工作。

当 CS＝0 时，芯片被选通：

当 $R/\overline{W} = 1$ 时，G_5 输出高电平，G_3 被打开，于是被选中的单元所存储的数据出现在 I/O 端，存储器执行读操作。

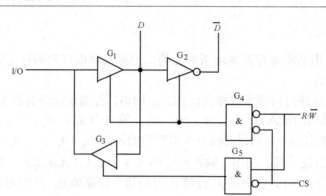

图 7.4　输入/输出控制电路

当 $R/\overline{W}=0$ 时，G_4 输出高电平，G_1、G_2 被打开，此时加在 I/O 端的数据以互补的形式出现在内部数据线上，并被存入到所选中的存储单元，存储器执行写操作。

7. RAM 的工作时序

为保证存储器准确无误地工作，加到存储器上的地址、数据和控制信号必须遵守几个时间边界条件。

RAM 读出过程的定时关系如图 7.5 所示。

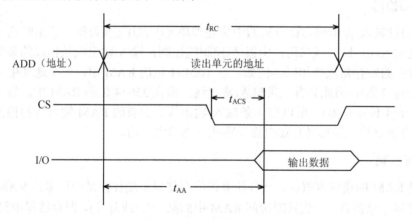

图 7.5　RAM 读操作时序

读操作的过程如下：

(1) 欲读出单元的地址加到存储器的地址输入端。

(2) 加入有效的片选信号 CS。

(3) 在 $R/\overline{W}$ 线上加高电平，经过一段延时后，所选择单元的内容出现在 I/O 端。

(4) 让片选信号 CS 无效，I/O 端呈高阻态，本次读出过程结束。

由于地址缓冲器、译码器及输入/输出电路存在延时，在地址信号加到存储器上之后，必须等待一段时间 t_{AA}，数据才能稳定地传输到数据输出端，这段时间称为地址存取时间。如果在 RAM 的地址输入端已经有稳定地址的条件下，则加入片选信号，从片选信号有效到数据稳定输出，这段时间间隔记为 t_{ACS}。显然，在进行存储器读操作时，只有在地址和片选信号加入，且分别等待 t_{AA} 和 t_{ACS} 以后，被读单元的内容才能稳定地出现在数据输出端，这两个条件必须同时满足。图 7.6 中，t_{RC} 为读周期，它表示该芯片连续进行两次读操作必需的时间间隔。写操作的定时波形如图 7.6 所示。

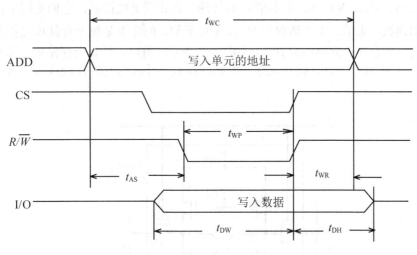

图 7.6　RAM 写操作时序

写操作过程如下：

(1) 将欲写入单元的地址加到存储器的地址输入端。

(2) 在片选信号 CS 端加上有效电平，使 RAM 选通。

(3) 将待写入的数据加到数据输入端。

(4) 在 $R/\overline{W}$ 线上加入低电平，进入写工作状态。

(5) 使片选信号无效，数据输入线回到高阻状态。

由于地址改变时，新地址的稳定需要经过一段时间，如果在这段时间内加入写控制信号(即 $R/\overline{W}$ 变低电平)，就可能将数据错误地写入其他单元。为防止这种情况出现，在写控制信号有效前，地址必须稳定一段时间 t_{AS}，这段时间称为地址建立时间。同时在写信号失效后，地址信号至少还要维持一段写恢复时间 t_{WR}。为了保证速度最慢的存储器芯片的写入，写信号有效的时间不得小于写脉冲宽度 t_{WP}。此外，对于写入的数据，应在写信号 t_{DW} 时间内保持稳定，且在写信号失效后继续保持 t_{DH} 时间。在时序图中还给出了写周期 t_{WC}，它反映了连续进行两次写操作所需要的最小时间间隔。对大多数静态半导体存储器来说，读周期和写周期是相等的，一般为十几到几十纳秒。

7.2.2　RAM 的存储单元

存储单元是存储器的核心部分。按工作方式不同可分为静态和动态两类，按所用元件类型又可分为双极型和 MOS 型两种，因此存储单元电路形式多种多样。

1. 六管 NMOS 静态存储单元

由 6 只 NMOS 管 ($VT_1 \sim VT_6$) 组成。VT_1 与 VT_2 构成一个反相器，VT_3 与 VT_4 构成另一个反相器，两个反相器的输入与输出交叉连接，构成基本触发器，作为数据存储单元。

VT$_1$ 导通、VT$_3$ 截止为 0 状态，VT$_3$ 导通、VT$_1$ 截止为 1 状态。

VT$_5$、VT$_6$ 是门控管，由 X_i 线控制其导通或截止，它们用来控制触发器输出端与位线之间的连接状态。VT$_7$、VT$_8$ 也是门控管，其导通与截止受 Y_i 线控制，它们是用来控制位线与数据线之间连接状态的，工作情况与 VT$_5$、VT$_6$ 类似。但并不是每个存储单元都需要这两只管子，而是一列存储单元用两只管子，如图 7.7 所示。所以，只有当存储单元所在的行、列对应的 X_i、Y_i 线均为 1 时，该单元才与数据线接通，才能对它进行读或写，这种情况称为选中状态。

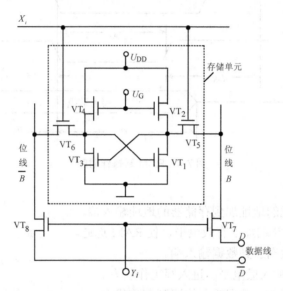

图 7.7　六管 NMOS 静态存储单元

2. 双极型晶体管存储单元

图 7.8 是一个双极型晶体管存储单元电路，它用两只多发射极三极管和两只电阻构成一个触发器，一对发射极接在同一条字线上，另一对发射极分别接在位线 B 和 $\bar{B}$ 上。

在维持状态，字线电位约为 0.3V，低于位线电位(约 1.1V)，因此存储单元中导通管的电流由字线流出，而与位线连接的两个发射结处于反偏状态，相当于位线与存储器断开。处于维持状态的存储单元可以是 VT$_1$ 导通、VT$_2$ 截止(称为 0 状态)，也可以是 VT$_2$ 导通、VT$_1$ 截止(称为 1 状态)。

当单元被选中时，字线电位被提高到 2.2V 左右，位线的电位低于字线，于是导通管的电流转而从位线流出。

如果要读出，只要检测其中一条位线有无电流即可。例如，可以检测位线 $\bar{B}$，若存储单元为 1 状态，则 VT$_2$ 导通，电流由 $\bar{B}$ 线流出，经过读出放大器转换为电压信号，输出为 1；若存储单元为 0 状态，则 VT$_2$ 截止，$\bar{B}$ 线中无电流，读出放大器无输入信号，输出为 0。

如果要写入 1，则存储器输入端的 1 信号通过写入电路使 B=1、$\bar{B}$=0，将位线 B 切断(无电流)，迫使 VT$_1$ 截止，VT$_2$ 导通，VT$_2$ 的电流由位线 $\bar{B}$ 流出。当字线恢复到低电平后，VT$_2$ 电流再转向字线，而存储单元状态不变，这样就完成了写 1；若要写 0，则令 $B=0$，$\bar{B}=1$，使位线 $\bar{B}$ 切断，迫使 VT$_2$ 截止、VT$_1$ 导通。

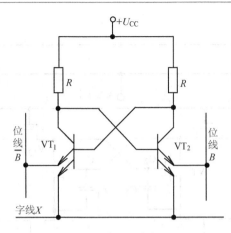

图 7.8 双极型晶体管存储单元电路

3. 四管动态 MOS 存储单元

动态 MOS 存储单元存储信息的原理，是利用 MOS 管栅极电容具有暂时存储信息的作用。由于漏电流的存在，栅极电容上存储的电荷不可能长久保持不变，因此为了及时补充漏掉的电荷，避免存储信息丢失，需要定时地给栅极电容补充电荷，通常把这种操作称为刷新或再生。

图 7.9 所示是四管动态 MOS 存储单元电路。VT_1 和 VT_2 交叉连接，信息(电荷)存储在 C_1、C_2 上。C_1、C_2 上的电压控制 VT_1、VT_2 的导通或截止。当 C_1 充有电荷(电压大于 VT_1 的开启电压)，C_2 没有电荷(电压小于 VT_2 的开启电压)时，VT_1 导通、VT_2 截止，则称此时存储单元为 0 状态；当 C_2 充有电荷，C_1 没有电荷时，VT_2 导通、VT_1 截止，则称此时存储单元为 1 状态。VT_3 和 VT_4 是门控管，控制存储单元与位线的连接。

VT_5 和 VT_6 组成对位线的预充电电路，并且为一列中所有存储单元所共用。在访问存储器开始时，VT_5 和 VT_6 栅极上加"预充"脉冲，VT_5、VT_6 导通，位线 B 和 $\overline{B}$ 被接到电源 U_{DD} 而变为高电平。当预充脉冲消失后，VT_5、VT_6 截止，位线与电源 U_{DD} 断开，但由于位线上分布电容 C_B 和 $C_{\overline{B}}$ 的作用，可使位线上的高电平保持一段时间。

在位线保持为高电平期间，当进行读操作时，X 线变为高电平，VT_3 和 VT_4 导通，若存储单元原来为 0 态，即 VT_1 导通、VT_2 截止，G_2 点为低电平，G_1 点为高电平，此时 C_B 通过导通的 VT_3 和 VT_1 放电，使位线 B 变为低电平，而由于 VT_2 截止，虽然此时 VT_4 导通，位线 $\overline{B}$ 仍保持为高电平，这样就把存储单元的状态读到位线 B 和 $\overline{B}$ 上。如果此时 Y 线也为高电平，则 B、$\overline{B}$ 的信号将通过数据线被送至 RAM 的输出端。

位线的预充电电路起什么作用呢？在 VT_3、VT_4 导通期间，如果位线没有事先进行预充电，那么位线 $\overline{B}$ 的高电平只能靠 C_1 通过 VT_4 对 $C_{\overline{B}}$ 充电建立，这样 C_1 上将要损失掉一部分电荷。由于位线上连接的元件较多，$C_{\overline{B}}$ 甚至比 C_1 还要大，这就有可能在读一次后便破坏了 G_1 的高电平，使存储的信息丢失。采用了预充电电路后，由于位线 $\overline{B}$ 的电位比 G_1 的电位还要高一些，所以在读出时，C_1 上的电荷不但不会损失，反而还会通过 VT_4 对 C_1 再充电，使 C_1 上的电荷得到补充，即进行一次刷新。

当进行写操作时，RAM 的数据输入端通过数据线、位线控制存储单元改变状态，把信息存入其中。

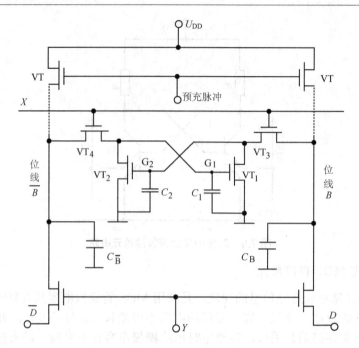

图 7.9　四管动态 MOS 存储单元电路

7.2.3　RAM 的容量扩展

在实际应用中，经常需要大容量的 RAM。在单片 RAM 芯片容量不能满足要求时，就需要进行扩展，将多片 RAM 组合起来，构成存储器系统(也称存储体)。

1. 位扩展

用 8 片 1024(1K)×1 位 RAM 构成的 1024×8 位 RAM 系统，如图 7.10 所示。

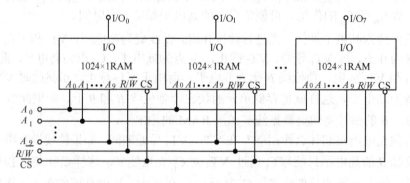

图 7.10　1K×1 位 RAM 扩展成 1K×8 位 RAM

2. 字扩展

用 8 片 1K×8 位 RAM 构成的 8K×8 位 RAM。

在图 7.11 中，输入/输出线、读/写线和地址线 $A_0 \sim A_9$ 是并联起来的，高位地址码 A_{10}、A_{11} 和 A_{12} 经 74138 译码器 8 个输出端分别控制 8 片 1K×8 位 RAM 的片选端，以实现字扩展。

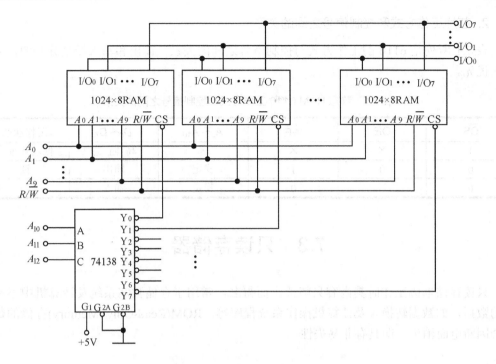

图 7.11　1K×8 位 RAM 扩展成 8K×8 位 RAM

如果需要，还可以采用位与字同时扩展的方法扩大 RAM 的容量。

7.2.4　RAM 的芯片简介

1. 芯片引脚排列

图 7.12 所示是 2K×8 位静态 CMOS RAM 6116 的引脚排列。$A_0 \sim A_{10}$ 是地址码输入端，$D_0 \sim D_7$ 是数据输出端，$\overline{\text{CS}}$ 是选片端，$\overline{\text{OE}}$ 是输出使能端，$\overline{\text{WE}}$ 是写入控制端。

引脚	编号		引脚
A_7	1	24	V_{DD}
A_6	2	23	A_8
A_5	3	22	A_9
A_4	4	21	$\overline{\text{WE}}$
A_3	5	20	$\overline{\text{OE}}$
A_2	6	19	A_{10}
A_1	7	18	$\overline{\text{CS}}$
A_0	8	17	D_7
D_0	9	16	D_6
D_1	10	15	D_5
D_2	11	14	D_4
GND	12	13	D_3

（6116）

图 7.12　静态 RAM 6116 引脚排列

2. 芯片工作方式和控制信号之间的关系

表 7.1 所列是 6116 的工作方式与控制信号之间的关系，读出和写入线是分开的，而且写入优先。

表 7.1　静态 RAM 6116 工作方式与控制信号之间的关系

$\overline{CS}$	$\overline{OE}$	$\overline{WE}$	$A_0 \sim A_{10}$	$D_0 \sim D_7$	工作状态
1	×	×	×	高阻态	低功耗维持
0	0	1	稳定	输出	读
0	×	0	稳定	输入	写

7.3　只读存储器

只读存储器因工作时其内容只能读出而得名，常用于存储数字系统及计算机中不需改写的数据，如数据转换表及计算机操作系统程序等。ROM(Read-Only Memory)存储的数据不会因断电而消失，即具有非易失性。

7.3.1　ROM 的分类

与 RAM 不同，ROM 一般需由专用装置写入数据。按照数据写入方式的特点不同，ROM 可分为以下几种。

1) 固定 ROM

固定 ROM 也称掩膜 ROM，在制造这种 ROM 时，厂家利用掩膜技术直接把数据写入存储器中，ROM 制成后，其存储的数据也就固定不变了，用户对这类芯片无法进行任何修改。

2) 一次性可编程 ROM(PROM)

PROM 在出厂时，存储内容全为 1(或全为 0)，用户可根据自己的需要，利用编程器将某些单元改写为 0(或 1)。PROM 一旦进行了编程，就不能再修改了。

3) 光可擦除可编程 ROM(EPROM)

EPROM 是采用浮栅技术生产的可编程存储器，它的存储单元多采用 N 沟道叠栅 MOS 管，信息的存储是通过 MOS 管浮栅上的电荷分布来决定的，编程过程就是一个电荷注入过程。编程结束后，尽管撤除了电源，但是由于绝缘层的包围，注入到浮栅上的电荷无法泄漏，因此电荷分布维持不变，EPROM 也就成为非易失性存储器件了。

当外部能源(如紫外线光源)加到 EPROM 上时，EPROM 内部的电荷分布才会被破坏，此时聚集在 MOS 管浮栅上的电荷在紫外线照射下形成光电流被泄漏掉，使电路恢复到初始状态，从而擦除了所有写入的信息。这样 EPROM 又可以写入新的信息。

4) 电可擦除可编程 ROM(E^2PROM)

E^2PROM 也是采用浮栅技术生产的可编程 ROM，但是构成其存储单元的是隧道 MOS 管，隧道 MOS 管也是利用浮栅是否存有电荷来存储二值数据的，不同的是隧道 MOS 管是用电擦除的，并且擦除的速度要快得多(一般为毫秒数量级)。

E^2PROM 的电擦除过程就是改写过程，它具有 ROM 的非易失性，又具备类似 RAM 的功能，可以随时改写(可重复擦写 1 万次以上)。目前，大多数 E^2PROM 芯片内部都备有升压电路。因此，只需提供单电源供电，便可进行读、擦除/写操作，这为数字系统的设计和在线调试提供了极大方便。

5) 快闪存储器(Flash Memory)

快闪存储器的存储单元也是采用浮栅型 MOS 管，存储器中数据的擦除和写入是分开进行的，数据写入方式与 EPROM 相同，需要输入一个较高的电压，因此要为芯片提供两组电源。一个字的写入时间约为 200μs，一般一只芯片可以擦除/写入 100 次以上。

7.3.2 ROM 的结构及工作原理

1. ROM 的内部结构

ROM 由地址译码器和存储矩阵组成，图 7.13 所示是 ROM 的内部结构示意图。

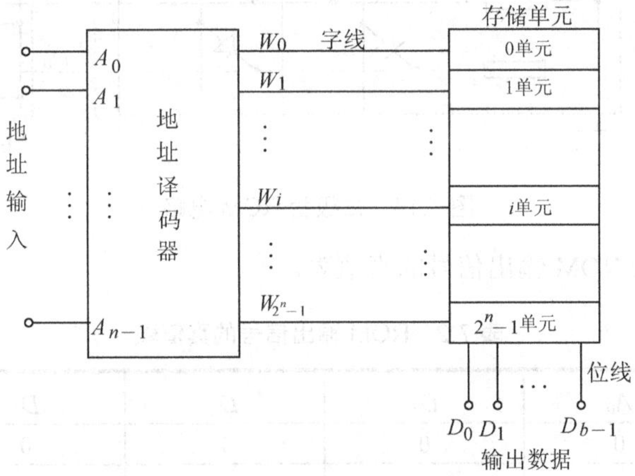

图 7.13 ROM 的内部结构示意图

2. ROM 的基本工作原理

(1) 由二极管组成 ROM 电路，如图 7.14 所示。

输入地址码是 A_1A_0，输出数据是 $D_3D_2D_1D_0$。输出缓冲器用的是三态门，它有两个作用，一是提高带负载能力，二是实现对输出端状态的控制，以便于和系统总线的连接。

(2) 输出信号表达式。

与门阵列输出表达式为

$$W_0 = \overline{A_1}\,\overline{A_0} \qquad W_1 = \overline{A_1}A_0 \qquad W_2 = A_1\overline{A_0} \qquad W_3 = A_1A_0$$

或门阵列输出表达式为

$$D_0 = W_0 + W_2 \qquad D_1 = W_1 + W_2 + W_3$$

$$D_2 = W_0 + W_2 + W_3 \qquad D_3 = W_1 + W_3$$

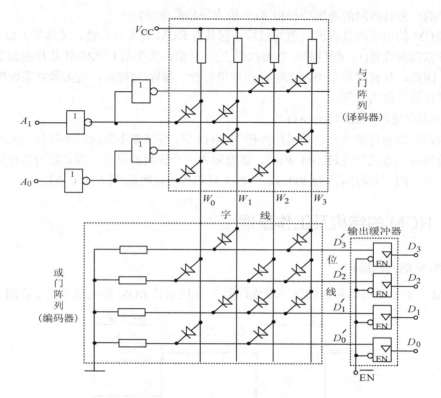

图 7.14 二极管 ROM 电路

(3) 表 7.2 所列为 ROM 输出信号的真值表。

表 7.2 ROM 输出信号的真值表

A_1	A_0	D_3	D_2	D_1	D_0
0	0	0	1	0	1
0	1	1	0	1	0
1	0	0	1	1	1
1	1	1	1	1	0

(4) 功能说明。

从存储器角度看，A_1A_0 是地址码，$D_3D_2D_1D_0$ 是数据。表 7.2 说明，在 00 地址中存放的数据是 0101；01 地址中存放的数据是 1010，10 地址中存放的是 0111，11 地址中存放的是 1110。

从函数发生器角度看，A_1、A_0 是两个输入变量，D_3、D_2、D_1、D_0 是 4 个输出函数。表 7.2 说明，当变量 A_1、A_0 取值为 00 时，函数 $D_3=0$、$D_2=1$、$D_1=0$、$D_0=1$；当变量 A_1、A_0 取值为 01 时，函数 $D_3=1$、$D_2=0$、$D_1=1$、$D_0=0$；…。

从译码编码角度看，与门阵列先对输入的二进制代码 A_1A_0 进行译码，得到 4 个输出信号 W_0、W_1、W_2、W_3，再由或门阵列对 $W_0 \sim W_3$ 4 个信号进行编码。表 7.2 说明，W_0 的编码是 0101；W_1 的编码是 1010；W_2 的编码是 0111；W_3 的编码是 1110。

7.3.3 ROM 的应用

1. "字"的应用——由地址读出对应存储单元的字

【例 7-1】 用 ROM 电路构成一个码值转换器，将 4 位二进制码转换成 4 位 Gray 码(循环码)。

解：若将 4 位二进制码 B_3、B_2、B_1、B_0 作为 ROM 码值转换器的地址输入，4 位 Gray 码 G_3、G_2、G_1、G_0 作为 ROM 的字输出，此 ROM 电路的码值转换真值表如表 7.3 所示。

表 7.3 码制转换真值表

4 位二进制码				4 位 Grary 码			
B_3	B_2	B_1	B_0	G_3	G_2	G_1	G_0
0	0	0	0	0	0	0	0
0	0	0	1	0	0	0	1
0	0	1	0	0	0	1	1
0	0	1	1	0	0	1	0
0	1	0	0	0	1	1	0
0	1	0	1	0	1	1	1
0	1	1	0	0	1	0	0
0	1	1	1	0	1	0	0

按 ROM 电路的简化构图法可画出该 ROM 电路的阵列逻辑图如图 7.15 所示。

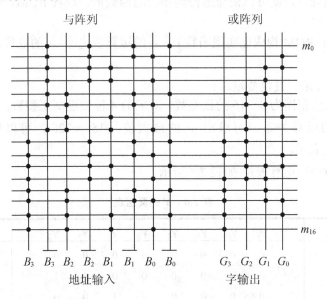

图 7.15 码制转换器 ROM 阵列逻辑图

由于 ROM 电路的固定存储若干位组成的字，它们可代表各种信息和数码，而且存储容量很大，因此可广泛用作查表器(如数字函数表)、字符发生器、微程序存储器及将计算机软件固化等。

2. "位"的应用——由各位线可分别地址输入变量的最小项和

也就是说，各位线的输出信号均为地址输入变量的逻辑函数，这是一个多输出逻辑函数。

如图 7.14 所示，ROM 电路各位线的输出为

$$D_3 = \overline{A_1}\,\overline{A_0} + \overline{A_1}A_0 + A_1A_0 = \overline{A_1} + A_0$$

$$D_2 = \overline{A_1}A_0 + A_1\overline{A_0} = A_1 \oplus A_0$$

$$D_1 = \overline{A_1}\,\overline{A_0} + A_1\overline{A_0} = \overline{A_0}$$

$$D_0 = \overline{A_1}\,\overline{A_0} + \overline{A_1}A_0 + A_1A_0 = \overline{A_1} + A_0$$

每个 D_i 均为输入 A_1、A_0 的逻辑函数。由此可知，ROM 电路是一个多输出逻辑函数发生器。

由于各种组合逻辑电路均可将其输出表示为它的输入变量的最小项与或表达式，因此运用 ROM 的与或逻辑阵列，可构成各种功能的组合电路。

由 ROM 电路构成的组合逻辑电路不仅可以减小集成块数量，而且用不到进行组合逻辑函数的化简，因此使组合逻辑电路设计的技巧性要求也大大降低了，对多输入、多输出逻辑电路而言，更可显示出其优越性。

3. 用作函数运算表电路

数学运算是数控装置和数字系统中需要经常进行的操作，如果事先把要用到的基本函数变量在一定范围内的取值和相应的函数取值列成表格，写入只读存储器中，则在需要时只要给出规定"地址"，就可以快速地得到相应的函数值。这种 ROM，实际上已经成为函数运算表电路。

【例 7-2】试用 ROM 构成能实现函数 $y = x^2$ 的运算表电路，x 的取值范围为 0~15 的正整数。

解：(1) 分析要求、设定变量。

自变量 x 的取值范围为 0~15 的正整数，对应的 4 位二进制正整数，用 $B = B_3B_2B_1B_0$ 表示。根据 $y = x^2$ 的运算关系，可求出 y 的最大值是 $15^2 = 225$，可以用 8 位二进制数 $Y = Y_7Y_6Y_5Y_4Y_3Y_2Y_1Y_0$ 表示。

(2) 列真值表(函数运算表)，如表 7.4 所示。

21世纪高职高专电子信息类实用规划教材

表 7.4　Y 的真值表

B_3	B_2	B_1	B_0		Y_7	Y_6	Y_5	Y_4	Y_3	Y_2	Y_1	Y_0		十进制数
0	0	0	0		0	0	0	0	0	0	0	0		0
0	0	0	1		0	0	0	0	0	0	0	1		1
0	0	1	0		0	0	0	0	0	1	0	0		4
0	0	1	1		0	0	0	0	1	0	0	1		9
0	1	0	0		0	0	0	1	0	0	0	0		16

续表

B_3	B_2	B_1	B_0	Y_7	Y_6	Y_5	Y_4	Y_3	Y_2	Y_1	Y_0	十进制数
0	1	0	1	0	0	0	1	1	0	0	1	25
0	1	1	0	0	0	1	0	0	1	0	0	36
0	1	1	1	0	0	1	1	0	0	0	1	49
1	0	0	0	0	1	0	0	0	0	0	0	64
1	0	0	1	0	1	0	1	0	0	0	1	81
1	0	1	0	0	1	1	0	0	1	0	0	100
1	0	1	1	0	1	1	1	1	0	0	0	121
1	1	0	0	1	0	0	1	0	0	0	0	144
1	1	0	1	1	0	1	0	1	0	0	1	169
1	1	1	0	1	1	0	0	0	1	0	0	196
1	1	1	1	1	1	1	0	0	0	0	1	225

(3) 写标准"与或"表达式。

$$Y_7 = m_{12} + m_{13} + m_{14} + m_{15}$$
$$Y_6 = m_8 + m_9 + m_{10} + m_{11} + m_{14} + m_{15}$$
$$Y_5 = m_6 + m_7 + m_{10} + m_{11} + m_{13} + m_{15}$$
$$Y_4 = m_4 + m_5 + m_7 + m_9 + m_{11} + m_{12}$$
$$Y_3 = m_3 + m_5 + m_{11} + m_{13}$$
$$Y_2 = m_2 + m_6 + m_{10} + m_{14}$$
$$Y_1 = 0$$
$$Y_0 = m_1 + m_3 + m_5 + m_7 + m_9 + m_{11} + m_{13} + m_{15}$$

(4) 画 ROM 存储矩阵节点连接图。

为作图方便，可将 ROM 矩阵中的二极管用节点表示，如图 7.16 所示。

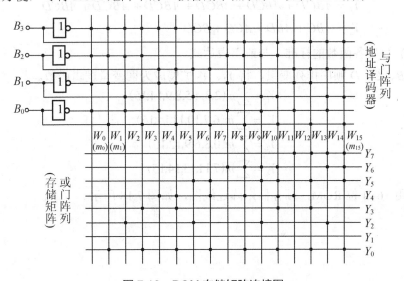

图 7.16　ROM 存储矩阵连接图

在图 7.16 中，字线 $W_0 \sim W_{15}$ 分别与最小项 $m_0 \sim m_{15}$ 一一对应，注意到作为地址译码器的与门阵列，其连接是固定的，它的任务是完成对输入地址码(变量)的译码工作，产生一个个具体的地址——地址码(变量)的全部最小项；而作为存储矩阵的或门阵列是可编程的，各个交叉点——可编程点的状态，也就是存储矩阵中的内容，可由用户编程决定。

当把 ROM 存储矩阵用作一个逻辑部件时，可将其用图 7.17 表示。

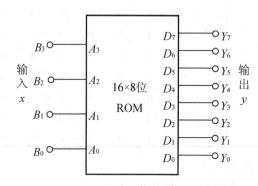

图 7.17　ROM 的框图表示方法

4. 实现任意组合逻辑函数

从 ROM 的逻辑结构示意图可知，只读存储器的基本部分是与门阵列和或门阵列，与门阵列实现对输入变量的译码，产生变量的全部最小项，或门阵列完成有关最小项的或运算，因此从理论上讲，利用 ROM 可以实现任何组合逻辑函数。

【例 7-3】试用 ROM 实现下列函数：

$$Y_1 = \overline{A}BC + \overline{A}B\overline{C} + A\overline{B}\overline{C} + ABC$$

$$Y_2 = BC + CA$$

$$Y_3 = \overline{ABCD} + \overline{A}BC\overline{D} + \overline{A}BC\overline{D} + A\overline{B}CD + AB\overline{CD} + ABCD$$

$$Y_4 = ABC + ABD + ACD + BCD$$

解：(1) 写出各函数的标准"与或"表达式

按 A、B、C、D 顺序排列变量，将 Y_1、Y_2 扩展成为四变量逻辑函数。

$$Y_1 = \sum m(2,3,4,5,8,9,14,15)$$

$$Y_2 = \sum m(6,7,10,11,14,15)$$

$$Y_3 = \sum m(0,3,6,9,12,15)$$

$$Y_4 = \sum m(7,11,13,14,15)$$

(2) 选用 16×4 位 ROM，画存储矩阵连线图，如图 7.18 所示。

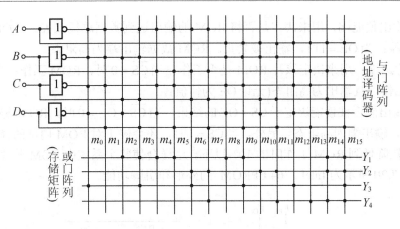

图 7.18 ROM 存储矩阵连线图

7.3.4 常用的 EPROM 举例——2764

1. 2764 EPROM 的结构

图 7.19 所示为 2764 EPROM 引脚排列，在正常使用时，$V_{CC} = +5V$、V_{IH} 为高电平，即 V_{PP} 引脚接+5V、$\overline{PGM}$ 引脚接高电平，数据由数据总线输出。在进行编程时，$\overline{PGM}$ 引脚接低电平，V_{PP} 引脚接高电平(编程电平+25V)，数据由数据总线输入。

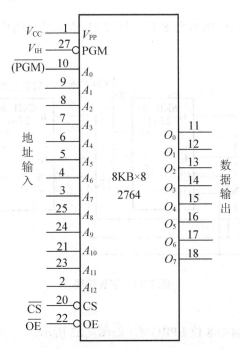

图 7.19 标准 28 脚双列直插 2764 EPROM 逻辑符号

$\overline{\text{OE}}$：输出使能端，用来决定是否将 ROM 的输出送到数据总线上去。当 $\overline{\text{OE}}=0$ 时，输出可以被使能；当 $\overline{\text{OE}}=1$ 时，输出被禁止。ROM 数据输出端为高阻态。

$\overline{\text{CS}}$：片选端，用来决定该片 ROM 是否工作。当 $\overline{\text{CS}}=0$ 时，ROM 工作；当 $\overline{\text{CS}}=1$ 时，ROM 停止工作，且输出为高阻态(无论 $\overline{\text{OE}}$ 为何值)。

ROM 输出能否被使能决定于 $\overline{\text{CS}}+\overline{\text{OE}}$ 的结果，当 $\overline{\text{CS}}+\overline{\text{OE}}=0$ 时，ROM 输出使能，否则将被禁止，输出端为高阻态。另外，当 $\overline{\text{CS}}=1$ 时，还会停止对 ROM 内部的译码器等电路供电，其功耗降低到 ROM 工作时的 10%以下。这样会使整个系统中 ROM 芯片的总功耗大大降低。图 7.20 所示为 Intel 2764 EPROM 的外形和引脚功能。

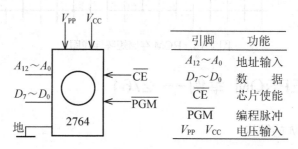

引脚	功能
$A_{12}\sim A_0$	地址输入
$D_7\sim D_0$	数 据
$\overline{\text{CE}}$	芯片使能
$\overline{\text{PGM}}$	编程脉冲
V_{PP} V_{CC}	电压输入

图 7.20　Intel 2764 EPROM 的外形和引脚

2. 2764 EPROM 容量的扩展

1) 字长的扩展

现有型号的 EPROM，输出多为 8 位，图 7.21 所示是将两片 2764 扩展成 16K×16 位 EPROM 的连线图。

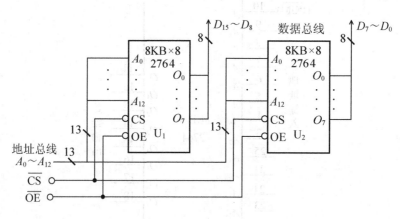

图 7.21　字长扩展

2) 字数扩展

用 8 片 2764 扩展成 64K×8 位 EPROM，如图 7.22 所示。

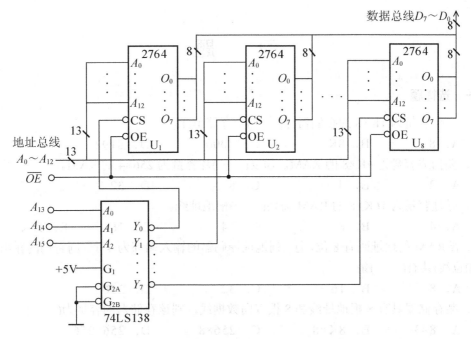

图 7.22 字数扩展

本 章 小 结

(1) 半导体存储器是现代数字系统特别是计算机系统中的重要组成部件，它可分为 RAM 和 ROM 两大类，绝大多数属于 MOS 工艺制成的大规模数字集成电路。

(2) RAM 是一种时序逻辑电路，具有记忆功能。其他存储的数据随电源断电而消失，因此是一种易失性的读/写存储器。它包含有 SRAM 和 DRAM 两种类型，前者用触发器记忆数据，后者靠 MOS 管栅极电容存储数据。因此，在不断电的情况下，SRAM 的数据可以长久保持，而 DRAM 则必须定期刷新。

(3) ROM 是一种非易失性的存储器，它存储的是固定数据，一般只能被读出。根据数据写入方式的不同，ROM 又可分成固定 ROM 和可编程 ROM。后者又可细分为 PROM、EPROM、E^2PROM 和快闪存储器等，特别是 E^2PROM 和快闪存储器可以进行电擦写，已兼有了 RAM 的特性。

(4) 从逻辑电路构成的角度看，ROM 是由与门阵列和或门阵列构成的组合逻辑电路。ROM 的输出是输入最小项的组合，因此采用 ROM 可方便地实现各种逻辑函数。随着大规模集成电路成本的不断下降，利用 ROM 构成各种组合、时序电路，越来越具有吸引力。

习 题

一、选择题

1. 一个容量为 1K×8 的存储器有( )个存储单元。

    A．8   B．8K   C．8000   D．8192

2. 要构成容量为 4K×8 的 RAM，需要( )片容量为 256×4 的 RAM。

    A．2   B．4   C．8   D．32

3. 寻址容量为 16K×8 的 RAM 需要( )根地址线。

    A．4   B．8   C．14   D．16   E．16K

4. 若 RAM 的地址码有 8 位，行、列地址译码器的输入端都为 4 个，则它们的输出线(即字线加位线)共有( )条。

    A．8   B．16   C．32   D．256

5. 某存储器具有 8 根地址线和 8 根双向数据线，则该存储器的容量为( )。

    A．8×3   B．8K×8   C．256×8   D．256×256

6. 采用对称双地址结构寻址的 1024×1 的存储矩阵有( )。

    A．10 行 10 列   B．5 行 5 列

    C．32 行 32 列   D．1024 行 1024 列

7. 随机存取存储器具有( )功能。

    A．读/写   B．无读/写   C．只读   D．只写

8. 欲将容量为 128×1 的 RAM 扩展为 1024×8，则需要控制各片选端的辅助译码器的输出端数为( )。

    A．1   B．2   C．3   D．8

9. 欲将容量为 256×1 的 RAM 扩展为 1024×8，则需要控制各片选端的辅助译码器的输入端数为( )。

    A．4   B．2   C．3   D．8

10. 只读存储器(ROM)在运行时具有( )功能。

    A．读/无写   B．无读/写   C．读/写   D．无读/无写

11. 只读存储器(ROM)中的内容，当电源断掉后又接通，存储器中的内容( )。

    A．全部改变   B．全部为 0

    C．不可预料   D．保持不变

12. 随机存取存储器(RAM)中的内容，当电源断掉后又接通，存储器中的内容( )。

    A．全部改变   B．全部为 1

    C．不确定   D．保持不变

13. 一个容量为 512×1 的静态 RAM 具有( )。

    A．地址线 9 根，数据线 1 根

    B．地址线 1 根，数据线 9 根

    C．地址线 512 根，数据线 9 根

D．地址线 9 根，数据线 512 根

14．用若干 RAM 实现位扩展时，其方法是将(　　)相应地并联在一起。

A．地址线　　B．数据线　　　　C．片选信号线　　　　D．读/写线

15．PROM 的与阵列(地址译码器)是(　　)。

A．全译码可编程阵列　　　　B．全译码不可编程阵列

C．非全译码可编程阵列　　　D．非全译码不可编程阵列

二、判断题

1．实际中，常以字数和位数的乘积表示存储容量。　　　　　　　　　　(　　)

2．RAM 由若干位存储单元组成，每个存储单元可存放一位二进制信息。　(　　)

3．动态随机存取存储器需要不断地刷新，以防止电容上存储的信息丢失。(　　)

4．用 2 片容量为 16K×8 的 RAM 构成容量为 32K×8 的 RAM 是位扩展。(　　)

5．所有的半导体存储器在运行时都具有读和写的功能。　　　　　　　　(　　)

6．ROM 和 RAM 中存入的信息在电源断掉后都不会丢失。　　　　　　　(　　)

7．RAM 中的信息，当电源断掉后又接通，则原存的信息不会改变。　　　(　　)

8．存储器字数的扩展可以利用外加译码器控制数个芯片的片选输入端来实现。(　　)

9．PROM 的或阵列(存储矩阵)是可编程阵列。　　　　　　　　　　　　(　　)

10．ROM 的每个与项(地址译码器的输出)都一定是最小项。　　　　　　(　　)

三、填空题

1．存储器的_____和_____是反映系统性能的两个重要指标。

2．ROM 用于存储固定数据信息，一般由_____、_____和_____3 部分组成。

3．随机读/写存储器不同于 ROM，它不但能读出所存信息，而且能够写入信息。根据存储单元的工作原理，可分为_____和_____两种。

4．PROM 和 ROM 的区别在于它的或阵列是_____的。

四、综合题

1．某台计算机的内存储器设置有 32 位的地址线，16 位并行数据输入/输出端，试计算它的最大存储量是多少？

2．将 2 片 1K×4 位的芯片，扩展为 1K×8 位的存储器，画出其线路连接图。

3．将 2 片 1K×4 位的芯片，扩展为 2K×4 位的存储器，画出其线路连接图。

第 8 章

数/模和模/数转换

教学目标

● 熟悉 A/D、D/A 转换器的基本构成、原理和技术指标

● 掌握集成 DAC 0832 转换器的基本知识及其应用电路

● 掌握集成 ADC 0809 转换器的基本知识及其应用电路

本章通过对 D/A、A/D 转换器的结构、转换原理、技术指标等的介绍，并通过对 DAC0832、ADC0809 集成转换器的基本应用的学习，掌握 D/A、A/D 转换器与单片机的接口连接方法，为后续课程的学习奠定基础。

8.1　数/模转换器(DAC)

在生产中，许多待控制和测量对象在实现控制和测量等功能时，将其对应的各种非电物理量(温度、流量、压力等)通过传感器转变为相应的模拟电信号，再由模数转换器(ADC)转换为对应的二进制数字信号，才能被计算机、单片机所识别进而实现控制、测量等功能；计算机、单片机对这些数字信号进行各种计算和处理后，输出相应的控制量。这些输出量需要经过数模转换器(DAC)变换转换为相应的模拟输出量，进而去驱动执行机构，实现被控制的物理量按照预先的设定变化。

由此可见，模数转换器和数模转换器模拟在计算机、单片机为控制核心的智能化测量、控制仪器的应用中具有十分重要的作用。

从模拟信号到数字信号的转换称为模/数转换，简称 A/D(Analog to Digital)转换，把能完成 A/D 转换的电路称 A/D 转换器，简称 ADC(Analog-Digital Converter)；从数字信号到模拟信号的转换称为数/模转换，简称 D /A(Digital to Analog)转换，把能完成 D/A 转换的电路称 D/A 转换器，简称 DAC(Digital-Analog Converter)。

8.1.1　DAC 的工作原理

DAC 的作用是将一组输入的数字信号(最常用的是二进制数字量)转换为与该数字信号成比例的模拟电压或模拟电流的电路，故有时又将 DAC 称为解码器。DAC 通常采用的转换方法是将输入的二进制数字量按其权值分别转换成对应的模拟信号，再将各自所转换的模拟量相叠加，最后得到的模拟总量即为 DAC 转换所得。

图 8.1 就是基于上述思想组建的 DAC 框图。

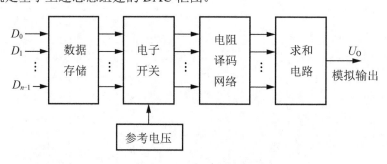

图 8.1　DAC 转换框图

在图 8.1 中，数据锁存用来暂时存放输入的数字量 $D_0D_1D_2\cdots D_{n-1}$，这些数字量用来控制电子开关，使得参考电压按位切换到电阻译码网络中变成加权电流，然后经求和电路求和，输出相应的模拟电压 U_0。DAC 的输入是数字信号，它可以是任何一种编码，常用的是二进制码。D/A 转换器有时又称为解码器。

根据电阻译码网络的不同，可将 DAC 分为权电阻 DAC、T 形电阻 DAC 和倒 T 形电阻 DAC 等。

8.1.2 权电阻网络 DAC

图 8.2 所示为 n 位权电阻网络 DAC 电路原理。它由权电阻网络(2^0R、2^1R、2^2R、$\cdots$、$2^{n-1}R$)，电子开关(S_0、S_1、S_2、$\cdots$、S_{n-1})和反相求和电路 A 组成。

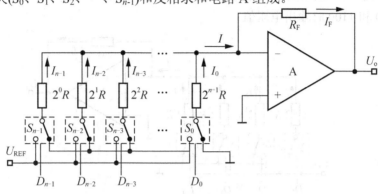

图 8.2 n 位权电阻网路 DAC 电路

权电阻网络(2^0R、2^1R、2^2R、$\cdots$、$2^{n-1}R$)由 n 个电阻组成，其中电阻的取值应使流过它的电流 I_i 和对应的数字量 D_i 位的权值成正比。例如，数字量的最高位 D_{n-1} 的权值为 2^{n-1}，其对应的权电阻 $R_{n-1}=2^{n-1}\times2^{n-1}R=2^0R$；最低位 D_0 的权值为 2^0，其对应的权电阻 $R_0=2^{n-1}\times2^0R=2^{n-1}R$。故此，于任意数码位 D_i 对其权值为 2^i，其对应的全电阻 $R_i=2^{n-1}\times2^iR$，也就是说，权位越高，对应的权电阻越小。

电子开关(S_0、S_1、S_2、$\cdots$、S_{n-1})的状态取决于相应的数字量 $D_0D_1D_2\cdots D_{n-1}$，当 $D_i=0$ 时，相应的电子开关 S_i 接地；当 $D_i=1$ 时，相应的电子开关 S_i 将对应的电阻 R_i 与基准电压 U_{REF} 接通。

因反相求和电路 A 为理想集成运算放大器，则有 $I=I_F$(虚断)。

又由虚地点($U_-\approx0$)可得到

$$U_o = -R_F I_F = -R_F I = -R_F(I_0 + I_1 + I_2 + \cdots + I_{n+1}) \tag{8-1}$$

且各支路的电流 I_i 为

$$I_i = \frac{U_{REF}}{2^{n-1-i}R}D_i \tag{8-2}$$

式中，当 $D_i=0$ 时，$I_i=0$；$D_i=1$ 时，$I_i=\dfrac{U_{REF}}{2^{n-1-i}R}$ 。

将式(8-2)代入式(8-1)中，可得到

$$U_o = -R_F I_F = -R_F I = -R_F U_{REF}\left(\frac{D_0}{2^{n-1}R} + \frac{D_1}{2^{n-2}R} + \frac{D_2}{2^{n-3}R} + \cdots + \frac{D_{n-1}}{2^0R}\right)$$

$$= \frac{-R_F U_{REF}}{2^{n-1}R}\left(2^0 D_0 + 2^1 D_1 + 2^2 D_1 + \cdots + 2^{n-1} D_{n-1}\right) \tag{8-3}$$

在 n 位权电阻网络 D/A 转换器中，经常取反馈电阻 $R_f=R/2$，则此时权电阻网络 D/A 网络的输出电压 U_o 可表示为

$$U_o = -\frac{U_{REF}}{2^n}(2^0 D_0 + 2^1 D_1 + 2^2 D_2 + \cdots + 2^{n-1} D_{n-1}) \qquad (8\text{-}4)$$

式(8-4)表明，n 位权电阻网络 D/A 转换器的模拟输出电压 U_o 与输入的数字量 $D_{n-1} D_{n-2} \cdots D_1 D_0$ 成正比，即实现了从数字量到模拟量的转换。

【**例 8-1**】如图 8.3 所示的 4 位权电阻网路 DAC 电路，若 $U_{REF}=12V$，求对应 $D_3 D_2 D_1 D_0$ 分别为 0110 和 1100 时输出电压值。

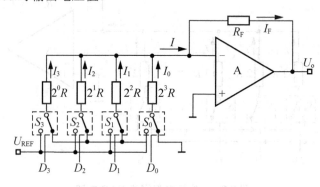

图 8.3 4 位权电阻网路 DAC 电路

解：(1) 当 $D_3 D_2 D_1 D_0$=0110 时，$U_o = -\frac{U_{REF}}{2^4}(2^0 D_0 + 2^1 D_1 + 2^2 D_2 + 2^3 D_3)$

$$= -\frac{12}{2^4}(2^0 \times 0 + 2^1 \times 1 + 2^2 \times 1 + 2^3 \times 0)$$

$$= -\frac{12}{2^4}(2^1 + 2^2) = -4.5(V)$$

(2) 同理，当 $D_3 D_2 D_1 D_0$=1100 时，

$$U_o = -\frac{U_{REF}}{2^4}(2^0 D_0 + 2^1 D_1 + 2^2 D_2 + 2^3 D_3) = -\frac{12}{2^4}(2^2 + 2^3) = -9(V)$$

在式(8-4)中，当 $D_{n-1} D_{n-2} \cdots D_1 D_0$=0 时，$n$ 位权电阻网络 D/A 转换器的模拟输出电压 U_o=0；当 $D_{n-1} D_{n-2} \cdots D_1 D_0$=11$\cdots$11 时，输出电压为

$$U_o = -\frac{U_{REF}}{2^n}(2^n - 1)$$

所以 n 位权电阻网络 D/A 转换器的模拟输出电压 U_o 的变化范围是 $0 \sim -\frac{U_{REF}}{2^n}(2^n - 1)$。

n 位权电阻网络 D/A 转换电路的优点是结构比较简单、直观，需用的元器件数不多。它的缺点是电阻网络中电阻的阻值随着数字信号位数 D_i 的增加，低位电阻 $(2^0 R)$ 与高位电阻 $(2^{n-1} R)$ 差别甚大，这样使得电阻网络的每个电阻值的精度保持一致就比较困难，特别是在集成电路中就更不利，因此在集成 DAC 中，一般很少采用此种电路。

8.1.3 倒 T 形电阻网络 DAC

为了克服 n 位权电阻网络 D/A 转换器电阻网络电阻值的精度难以保持一致的缺点，下面来看图 8.4 所示的倒 T 形电阻网络 D/A 转换器。电阻网络中只有 R 和 $2R$ 两种电阻，且两个 R 和一个 $2R$ 构成倒 T 形结构。电子开关(S_0、S_1、S_2、$\cdots$、S_{n-1})的状态取决于相应的数字量 $D_0D_1D_2\cdots D_{n-1}$，当 $D_i=0$ 时，相应的电子开关 S_i 接运算放大器的同相端(接地)；当 $D_i=1$ 时，电子开关 S_i 接运放的反相端(虚地)。也就是说，无论电子开关在任何位置，电阻 $2R$ 始终相当于接到了"地"上，所以流过每条支路电阻 $2R$ 中的电流不会随着电子开关的变化而改变。从参考电压 U_{REF} 端向右看，得到电阻网路的等效电路如图 8.5 所示。

从图 8.5 中不难看出，从电路右端向左看进去的电阻网络的等效电阻为 R，所以，由参考电压 U_{REF} 提供的总电流为 $I=U_{REF}/R$，此电流向左每经过一个节点，电流就衰减为之前的一半，则流入运放的反相输入端的电流 I 为

$$I_{总} = \frac{I}{2^n}D_0 + \frac{I}{2^{n-1}}D_1 + \frac{I}{2^{n-2}}D_2 + \cdots + \frac{I}{2^1}D_{n-1}$$

$$= \frac{I}{2^n}(2^0 D_0 + 2^1 D_1 + 2^2 D_2 + \cdots + 2^{n-1}D_{n-1}) \tag{8-5}$$

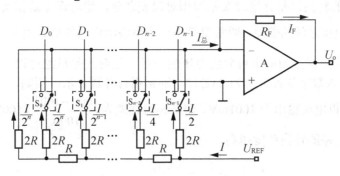

图 8.4 倒 T 形电阻网路 DAC 电路

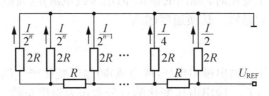

图 8.5 倒 T 形电阻网路等效电路

倒 T 形电阻网络 D/A 转换器的优点是电阻种类少，只有 R 和 $2R$，提高了制造精度；而且支路电流流入求和点不存在时间差，提高了转换速度。倒 T 形电阻网络 D/A 转换器是目前集成 D/A 转换器中使用较多的一种，如 8 位 D/A 转换器 DAC0832，10 位 D/A 转换器 CB7520 等，就是采用倒 T 形电阻网络。

8.1.4　D/A 转换器的主要技术指标

D/A 转换器的主要技术指标有转换精度、转换速度、温度系数等。

1. 转换精度

D/A 转换器的转换精度通常用分辨率和转换误差来衡量。

1) 分辨率

D/A 转换器的分辨率是指对输出电压的分辨能力。D/A 转换器的分辨率为最小分辨输出电压 U_{LSB}(对应的输入数字量仅最低位为 1,其余位为 0)与最大输出电压 U_{FSR}(对应的输入数字量各位全为 1)之比。

$$分辨率 = \frac{U_{LSB}}{U_{FSB}} = \frac{-U_{REF}/2^n}{-U_{REF}/2^n(2^0 D_0 + 2^1 D_1 + 2^2 D_2 + \cdots + 2^{n-1} D_{n-1})} = \frac{1}{2^n - 1} \tag{8-6}$$

由式(8-6)可知,输入数字量的位数 n 越大,分辨率最小。即数字量的有效位数 n 越多,分辨率的数值越小,分辨力越强。因此在实际中常用输入数字量的有效位 n 数来表示分辨率,如 10 位 D/A 的分辨率为 10 位。

2) 转换误差

D/A 转换器的转换误差有绝对误差和相对误差之分,绝对误差是指实际输出模拟电压与理论输出模拟电压之间的偏差。通常用最小分辨率输出电压的倍数表示,如 $\pm\frac{1}{2}U_{LSB}$ 就表示输出值与理论值的误差为最小可分辨电压的一半。相对误差是绝对误差与满刻度输出电压 U_{FSR}(对应的输入数字量各位全为 1)之比,通常用百分数表示。例如,某 D/A 转换器的 $U_{FSR}=1V$,实际模拟电压输出为 1001mV,则其相对误差为 $\frac{1000-1001}{1000}\times100\% = -0.1\%$ 可见,转换误差越小,电路的转换精度越高。

2. 转换速度

当输入的数字量发生变化时,输出的模拟量(电压或电流)达到稳定值所需要的一段时间称为建立时间,建立时间越短,转换速度越高。

3. 温度系数

在输入不变的情况下,输出模拟电压(或电流)随温度变化产生的变化量。一般用满刻度输出条件下温度每升高 1℃,输出电压变化的百分数作为温度系数。此参数表明 D/A 转换器受温度变化影响的特性。一般 D/A 转换器的温度灵敏度为±50ppm/℃。

8.1.5　集成 D/A 转换器及应用

DAC 0832 是常用的集成 8 位 D/A 转换芯片,它是用 CMOS 工艺制成的双列直插式(DIP)的 DAC,数据输入方法可以是单缓冲、双缓冲或直接输入。可以直接与 8080、MCS51 等微处理器连接。DAC 0832 以其接口方便、价格低廉、转换控制容易等优点,且可与 DAC 0830/0831 相互替换,在单片机应用系统中应用非常广泛。

1．DAC 内部结构和引脚功能

DAC 0832 的内部结构框图和引脚排列如图 8.6、图 8.7 所示，DAC 0832 具有双缓冲功能，就是输入数据可分别经过两个寄存器保存。结构框图中第一个寄存器称为 8 位输入寄存器，常用于连接单片机，接收单片机送来的数字信号；第二个寄存器称为 8 位 DAC 寄存器，8 位的 D/A 转换器是把该 DAC 寄存器锁存的数据转换成相应的模拟电流。

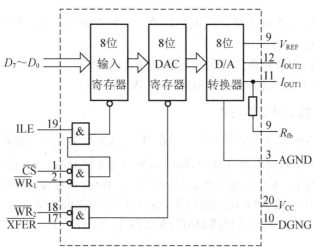

图 8.6 DAC 0832 内部结构框图

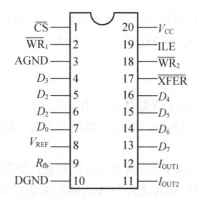

图 8.7 DAC 0832 管脚排列

$\overline{\text{CS}}$(1)：片选信号输入，低电平有效。它与 ILE 信号结合起来用以控制输入寄存器是否起作用。

$\overline{\text{WR}_1}$(2)：写信号 1 输入端，低电平有效，在 ILE 和 $\overline{\text{CS}}$ 有效时，用于控制把外部数据写锁存于输入寄存器中。

AGND(3)：模拟地。为芯片模拟电路接地点。

$D_0 \sim D_7$(4)～(7)、(13)～(16)：为 8 位数字数据输入端。

V_{REF}(8)：基准电压输入端，电压范围为-10～+10V。

R_{fb}(9)：反馈电阻引出端。该电阻被制作在芯片内，用作运算放大器的反馈电阻。

DGND(10)：数字地。为芯片数字电路接地点。

I_{OUT2}(11)：电流输出 2 端，在 DAC 的电流输出转换为电压输出时，该端应和运放的同相端一起接地。

I_{OUT1}(12)：电流输出 1 端，在 DAC 的电流输出转换为电压输出时，该端应和运放的反相端一起连接。

$\overline{XFER}$(17)：传送控制信号，输入、低电平有效。它和 $\overline{WR_2}$ 一起控制 8 位 DAC 寄存器的锁存。

$\overline{WR_2}$(18)：写信号 2 输入端，低电平有效。在有效的条件下，用它将输入寄存器中的数据传送到 8 位 DAC 寄存器中。

ILE(19)：输入寄存器允许信号端，高电平有效。

V_{CC}(20)：电源电压，范围为+5～+15V，+15V 为最佳。

2．DAC 0832 的 3 种工作方式

从 DAC 0832 的内部结构框图可知，当在 ILE、$\overline{CS}$ 及 $\overline{WR_1}$ 3 个控制信号都有效时，把数据线上的 8 位数据锁入输入寄存器中，同时数据送到 8 位 DAC 寄存器的输入端。在 $\overline{WR2}$、$\overline{XFER}$ 都有效的情况下，8 位数据再次被锁存到 8 位 DAC 寄存器，同时数据送到 8 位 D/A 转换器的输入端，这时开始把 8 位数据转换为相对应的模拟电流从 I_{OUT1} 和 I_{OUT2} 输出。针对两个寄存器锁存信号的控制方法形成 DAC 0832 的 3 种工作方式。

1) 双缓冲方式

由写信号 1 输入端 $\overline{WR_1}$ 先将输入端的数字信号锁存到输入寄存器中，当需要 D/A 转换时，再由写信号 2 输入端 $\overline{WR_1}$ 将输入寄存器中的信号锁存到 DAX 寄存器中后再送入 D/A 转换电路，即数据通过两个寄存器锁存后再送入 D/A 转换电路，执行两次写操作才能完成一次 D/A 转换。

2) 单缓冲方式

使两个寄存器中之一始终处于直通状态，由一个寄存器来锁存数据，也可用一个锁存信号使得两个寄存器同时选通及锁存，即输入数据只经过一级缓冲送入 D/A 转换电路。

3) 直通方式

先将两个寄存器的相关控制信号都预设成有效状态，使得两个寄存器均处于直通状态，只要输入端有数字量，就可开始将此送入 D/A 转换电路进行 D/A 转换。

3．DAC 0832 应用

电路如图 8.8 所示，两片 74LS163 组成一个 8 位二进制计数器，计数器的输出从 00000000 到 11111111 反复变化。DAC 0832 构成了一个双缓冲输出的 D/A 转换器。计数器输出为 11111111 时，电路的输出电压 u_o 达到最大值 U_{max}，在下一个脉冲到来时，计速器输出为 00000000，此时电路的输出电压 u_o=0。

当计数器从 00000000 到 11111111 变化的过程中，电路的输出会得到 256(2^8)个逐步递增的模拟电压，基于仿真软件仿真后用虚拟示波器看到的锯齿波形如图 8.9 所示。

因为每 256 个计数脉冲，计数器从 0000000 变为 1111111，对应的模拟电压从 0 到 U_{max} 输出变化也对应地改变一次，所以输出的锯齿波频率 f_o=256f_{cp}(为计数器的脉冲频率)。从

图 8.9 所示的锯齿波波形图中也可读出两个光标的差值，即锯齿波的周期为 256ms，为图 8.8 中时钟脉冲频率(1kHz)的 1/256。

DAC 0832 是由倒 T 形权电阻网络构成的 D/A 转换器，其 11、12 脚所连接的集成运算放大器 A 的作用是将 DAC 0832 的输出电流转化为输出电压，而输出电压由于与参考电压 U_{REF} 成正比，故要提高输出锯齿波电压的幅度，只需改变参考电压 U_{REF} 的值即可。

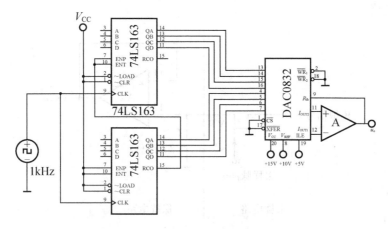

图 8.8　DAC 0832 锯齿波产生电路

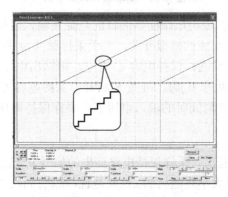

图 8.9　DAC 0832 锯齿波波形

8.2　模/数转换器(ADC)

8.2.1　ADC 的基本步骤

ADC 的作用是 DAC 的逆过程，即将模拟(Analog)信号转换成数字(Digital)信号。将模拟信号转换为数字信号需要取样、保持和量化、编码两大步骤完成。

1. 取样和保持

取样(又称采样)是将时间上连续变化的信号，转换为时间上离散的信号，即将时间上连续变化的模拟量转换为一系列等间隔的脉冲信号，脉冲信号的幅度取决于输入模拟量的振幅。

为了在 DAC 时能恢复出被采样的信号，这里有必要介绍采样定理。采样定理是指为了从采样信号中不失真地恢复出原始信号，采样频率 f_s 至少应是原始信号最高有效频率 f_{max} 的 2 倍，即要满足 $f_s \geq 2f_{max}$。在实际中一般取 $f_s(4 \sim 5)f_{max}$。

由于每次把采样电压转换成数字量都需要一定的时间，因此在每次采样后必须将所采得的电压保持一段时间。完成这种功能的便是采样保持电路。图 8.10 给出了基本采样保持电路的原理电路。

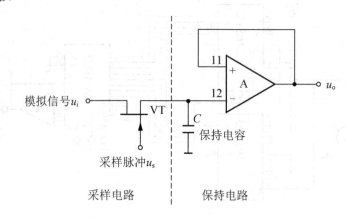

图 8.10　基本采样保持电路

其中，运算放大器 A 接成电压跟随器的目的是提高输入阻抗，减小输入电流。C 是保持电容。VT 是由场效应管组成的模拟开关，并受采样脉冲 u_s 控制。当控制脉冲 u_s 为采样电平(高电平 1)时，开关 S 导通，保持电容 C 充电，则输出电压 u_o 随输入电压 u_i 变化而变化。而当 u_s 为保持电平(低电平 0)时，开关 S 断开，保持电容 C 保存输入电压 u_i 值，使放大器输出电压 u_o 等于 S 断开瞬间时的输入电压值。采样保持电压波形如图 8.11 所示。

2．量化和编码

从图 8.11 可以明显地看出，采样保持电路输出的信号 u_o 已经是阶梯波，但此波的幅度仍然有无限多个取值，而且大小是随机的。也就是说，此种阶梯波依然还是一个"模拟量"。我们无法用数字信号来表示出此"模拟量"的无限多个取值。为了解决这一问题，要将采样保持电路输出信号经过量化处理。

量化是指将采样保持后的信号幅值转化成某个最小数量单位的整数倍的过程。所规定的最小数量单位叫作量化单位或量化间隔，用 Δ 表示，即

$$\Delta = \frac{模拟输入电压}{分割数} = \frac{U_{FSR}}{2^n} = 1LSB$$

上式中 n 表示要将模拟输入电压转化为 n 位二进制的位数。位数 n 越多，量化等级越细，Δ 就越小。

例如，有一模拟信号，幅值范围为 $0 \sim 2V$，要转化为 3 位和 4 位二进制代码，则其量化间隔分别为 $\Delta(n=3) = 1LSB = \frac{2}{2^3} = \frac{1}{4}V$ 和 $\Delta(n=4) = 1LSB = \frac{2}{2^4} = \frac{1}{8}(V)$。

对采样保持后的模拟电压的量化方法一般有只舍不入法和四舍五入法两种。

(1) 只舍不入法。当量化电压的尾数小于 1LSB 时，舍去尾数部分，取其整数部分。例

如，当 $\Delta=1\text{LSB}=\dfrac{1}{8}\text{V}$ 时，如果量化电压 u_o 满足

$0\leq U_o<\Delta=\dfrac{1}{8}\text{V}$ 时，则量化值为 $0\cdot\Delta=0\text{V}$。

$\dfrac{1}{8}\text{V}\leq U_o<2\Delta=\dfrac{2}{8}\text{V}$ 时，则量化值为 $1\cdot\Delta=\dfrac{1}{8}\text{V}$。

$\dfrac{2}{8}\text{V}\leq U_o<3\Delta=\dfrac{3}{8}\text{V}$ 时，则量化值为 $2\cdot\Delta=\dfrac{2}{8}\text{V}$。

……

用图形表示为图 8.12 所示。

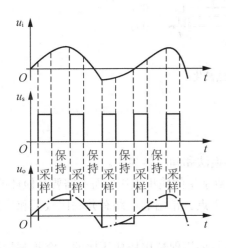

图 8.11 采样保持电压波形　　　　图 8.12 只舍不入法量化

(2) 四舍五入法。当量化电压的尾数小于 $\dfrac{1}{2}$LSB 时，舍去尾数部分，取其整数部分；而当量化电压的尾数大于 $\dfrac{1}{2}$LSB 时，则给量化值再加上 1LSB。

例如，当 $\Delta=1\text{LSB}=\dfrac{1}{8}\text{V}$ 时，如果量化电压 u_o 满足

$0\leq U_o<\dfrac{1}{2}\Delta=\dfrac{1}{16}\text{V}$ 时，则量化值为 $0\cdot\Delta=0\text{V}$。

$\dfrac{1}{16}\text{V}\leq U_o<\dfrac{3}{2}\Delta=\dfrac{3}{16}\text{V}$ 时，则量化值为 $0+\Delta=\dfrac{1}{8}\text{V}$。

$\dfrac{3}{16}\text{V}\leq U_o<\dfrac{5}{2}\Delta=\dfrac{5}{16}\text{V}$ 时，则量化值为 $1+\Delta=\dfrac{2}{8}\text{V}$。

……

用图形表示为图 8.13 所示。

在经量化过程中有舍有入，则在量化中必然产生误差，把这个由量化产生的误差，称为量化误差。

把量化出的量化数值用二进制代码表示出来的过程，称为编码。把编码后的二进制代

码输出就得到了 A/D 转换的输出数字信号。

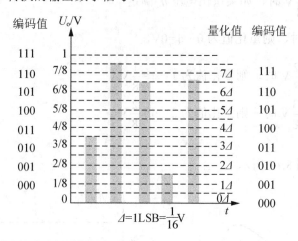

图 8.13 四舍五入法量化

8.2.2 典型的 ADC 转换器

根据 ADC 的转换方式把 ADC 电路分为直接转换法和间接转换法。

直接转换法是指把输入的模拟电压直接转换为数字量的输出电压，而不需要其他环节。直接转换法具有工作速度快、转换精度容易保证等优点。常用的电路有并联比较型和反馈比较型。

间接转换法是指把输入的模拟电压转换成为与其采样保持电压成正比的、容易测量的时间或频率等物理量，最后再把这些物理量转换成数字量。间接转换法具有工作速度慢、转换精度高等优点。常用的电路有 $U\text{-}t$ 型和 $U\text{-}f$ 型。

1. 并联比较型 ADC

并联比较型 ADC 的电路组成如图 8.14 所示，它由电压比较器 A、优先编码器和寄存器组成的输出为 3 位二进制数转化器。参考电压 U_R 通过分压电阻 R 加到电压比较器的反相端，输入的模拟电压经比较器的同相端与对应的参考电压进行比较，电压比较器的输出端得到的高、低电平作为优先编码器的输入信号，而优先编码器只对每次比较结果输出中的高、低电平中最高位的高电平编码。最后在采样信号到达时输出一次编码 $D_0D_1D_2$，作为最终的数字信号输出。可见，采样信号的频率越高，转换的速度越快，这是并联型 ADC 的优点。但它的缺点是随着输出位数 n 的增大，所需的电压比较器的数量会很大。从图 8.14 不难看出，输出为 n 为二进制的 ADC 中需要的电压比较器的数量为 2^n-1 个。例如，输出要求为 8 位二进制数，则需要的比较器的数量为 $2^8-1=255$ 个。

2. 反馈比较型 ADC

反馈比较型 ADC 的构成电路如图 8.15 所示，给 DAC 加一个数字信号 $D_0D_1D_2\cdots D_{n-1}$，则在 DAC 的输出端得到一个输出模拟信号 u_i'，将 u_i' 与模拟输入信号 u_i 经电压比较器进行比较，并不断改变数字信号，直到 u_i' 和 u_i 相当，此时的数字信号 $D_0D_1D_2\cdots D_{n-1}$ 就是 u_i

所要转换的数字信号。根据以上思路，反馈比较型 ADC 经常采用的电路有计数型和逐次渐进型 ADC。

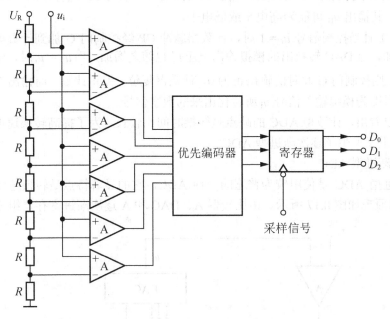

图 8.14　并联比较型 ADC 电路构成

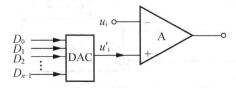

图 8.15　反馈比较型 ADC 电路构成

1) 计数型 ADC

计数型 ADC 的原理如图 8.16 所示。由比较器 A、DAC、计数器、控制门 G 和输出寄存器组成。

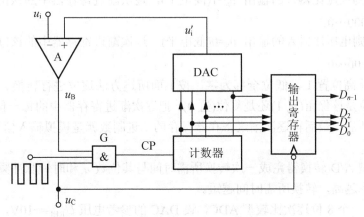

图 8.16　计数型 ADC 电路构成

假设计数器开始时置 0，控制信号 u_C=0。则控制门电路输出为 0，计数器输出为 0，加到 DAC 上的信号也全为 0，则 DAC 输出的模拟信号 u_i' 也为 0。这样电压比较器 A 无论在 u_i 为何值时，其输出 u_B 可能为高电平或低电平。

若 $u_B=1$ 且当控制信号 u_C=1 时，计数器脉冲 CP 经控制门 G 加到计数器上，随着计数脉冲的增加，经 DAC 转换出的模拟输出电压 u_i' 也随之增加，当 $u_i'=u_i$ 时，电压比较器的输出 $u_B=0$，则控制门 G 此时的输出也为 0，计数器复位，停止计数。而输出寄存器中所存储的数字信号即为模拟输入信号 u_i 所转化出来的数字信号。

明显可以看出，计数型 ADC 的缺点是转换时间比较长。为了提高转换速度，在计数型 ADC 的基础上又产生了逐次渐进型 ADC。

2) 逐次渐进型 ADC

逐次渐进型 ADC 是使用较为普遍的一种 ADC，它的显著特点是转换速度快。逐次渐进型 ADC 的原理如图 8.17 所示。由比较器 A、DAC 和 A 逐次渐进寄存器组成。

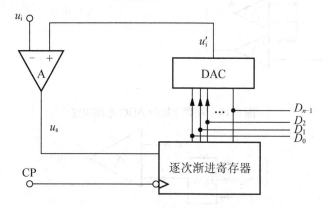

图 8.17　逐次渐进型 ADC 电路构成

假设寄存器开始时置 0，时钟脉冲 CP 到来时，先将寄存器的最高位 MSB 置 1，而其余均为 0，也就是说寄存器的输出此时为 100…0。这个数字信号同时也被加到 DAC 的输入端，并转换成对应的模拟电压 u_i'，与模拟输入电压 u_i 进行比较。

若 $u_i'>u_i$，则电压比器 A 的输出 u_s=1(高电平)，逐次渐进寄存器中的该位被复位，即寄存器的输出为 000…0。

若 $u_i'<u_i$，则电压比器 A 的输出 u_s=0(低电平)，逐次渐进寄存器中的该位被保存，即寄存器的输出为 100…0。

接着，将此高位置 1，低位全部为零，按上面所述方法逐位进行转换、比较、判断，以便得到此高位是该保留(置 1)还是复位(置 0)。把逐次渐进寄存器中的每一位都置 1 后，转换、比较和判断后，最后再逐次渐进寄存器保存的二进制数就是模拟输入信号 u_i 所转化出来的数字信号。

逐次比较型 A/D 转换器完成一次转换所需时间与其位数 n 和时钟脉冲频率有关，位数越少，时钟频率越高，转换所需时间越短。

【例 8-2】一个 8 位逐次比较型 ADC，设 DAC 的参考电压 U_{REF}=-10V，如输入的模拟电压为 u_i=8.54V，试说明转换过程并计算出转换结果。

解：对于 DAC 的输出电压 u_i' 由式(8-4)可得

$$u_i' = -\frac{U_{REF}}{2^n}(2^0 D_0 + 2^1 D_1 + 2^2 D_2 + \cdots + 2^{n-1} D_{n-1})$$

$$= \frac{10}{2^8}(2^0 D_0 + 2^1 D_1 + 2^2 D_2 + +2^3 D_3 + 2^4 D_4 + 2^5 D_5 + 2^6 D_6 + 2^7 D_7)$$

按照逐次渐进的方法得到如表 8.1 所示。

表 8.1　例 8-2 结果

CP	$D_7\ D_6\ D_5\ D_4\ \ D_3\ D_2\ D_1\ D_0$	DAC 输出 u_i'	比较输出 u_B	结果(保留或复位)
1	1 0 0 0 0 0 0 0	5V	0	$D_7=1$(保留)
2	1 1 0 0 0 0 0 0	7.5V	0	$D_6=1$(保留)
3	1 1 1 0 0 0 0 0	8.75V	1	$D_5=1$(复位)
4	1 1 0 1 0 0 0 0	8.125V	0	$D_4=1$(保留)
5	1 1 0 1 1 0 0 0	8.4375V	0	$D_3=1$(保留)
6	1 1 0 1 1 1 0 0	8.56375V	1	$D_2=1$(复位)
7	1 1 0 1 1 0 1 0	8.515625V	0	$D_1=1$(保留)
8	1 1 0 1 1 0 1 1	8.5546875V	1	$D_0=1$(复位)

则此电路转换的结构为 11011010。

3. V-R 双积分型 ADC

V-T 变化型 ADC 是先把输入的模拟信号转换成与之对应的时间宽度信号，然后在这个时间宽度里对固定频率的时钟脉冲信号计数，计数的结果就是输入模拟信号的数字信号，是一种间接转化法。在 V-T 变换型电路中使用最多的是双积分型 ADC。

V-T 双积分型 ADC 的原理如图 8.18 所示。它由积分器 A_1、比较器 A_2、计数器、逻辑控制、锁存器等组成。该电路的工作过程如下。

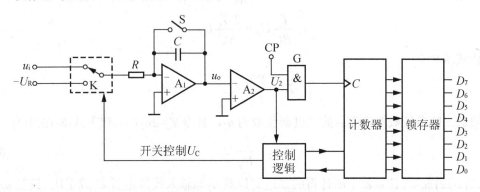

图 8.18　V-T 双积分型 ADC

1) 起始状态

转换开始前，使得计数器复位，并接通开关 S，让电容 C 放电，从而使得积分器 A_1 输出电压 $u_o=0$，然后再断开，且控制逻辑发出控制信号 U_C 时，使控制开关 K 接入模拟输入信

号 u_i。

2) 定时积分

由于积分器 A_1 的反相端是"虚地"，所以电容 C 的充电电压 u_o 按照某个负斜率方向变化。则有

$$u_o = -\frac{1}{RC}\int_0^{T_1} u_i dt = -\frac{T_1}{RC}U_i \tag{8-7}$$

在积分器输出电压 u_o 为负电压期间，比较器 A_2 输出高电平 $U_2=1$，与门 G 打开，脉冲信号 CP 通过 G 门加到计数器开始加法计数。若输出电压 u_o 为正，则 A_2 输出低电平 $U_2=0$，与门 G 关闭，计数停止。当计数器计满 n 个数值后，计数器复位。此时控制逻辑发出控制信号 U_C，使控制开关 K 接入参考电压 $-U_R$。积分器对模拟输入信号 u_i 的积分完成。即第一阶段的定时积分完成，开始对参考电压 $-U_R$ 进行积分。

在式(8-7)中，$T_1=2^n T_C$，为第一阶段的积分所需时间，其中 T_C 是计数脉冲 CP 的周期，则在第一阶段的积分完成时，积分器的输出电压为

$$u_o = -\frac{T_1}{RC}U_i = -\frac{2^n T_C}{RC}U_i \tag{8-8}$$

3) 定压积分

当控制信号 U_C 使控制开关 K 接入负参考电压 $-U_R$ 后，积分器开始第二阶段的对 $-U_R$ 的积分，因为参考电压 $-U_R$ 为负值，积分器进行的是反向积分。而且积分器的初始值 $-\frac{2^n T_C}{RC}U_i$ 为负值，则电压比较器 A_2 输出高电平 $U_2=1$，与门 G 打开，脉冲信号 CP 通过 G 门加到计数器开始加法计数。计数器计满后复位。第二积分阶段的输出电压为

$$u_o = \frac{1}{RC}\int_0^{T_2} U_R dt = \frac{T_2}{RC}U_R \tag{8-9}$$

其中，T_2 为积分器在第二积分阶段电压从 $-\frac{2^n T_C}{RC}U_i$ 上升到 0 时所需的时间，则有

$$\frac{T_2}{RC}U_R = \frac{2^n T_C}{RC}U_i \tag{8-10}$$

由式(8-9)有

$$T_2 = \frac{2^n T_C}{U_R}U_i \tag{8-11}$$

设第二阶段计数器计满后的二进制位数为 n_2，且令 $T_2=2n_2 T_C$，代入式(8-10)中有

$$n_2 = \frac{2^n}{U_R}U_i \tag{8-12}$$

式(8-12)说明，计数器中所计得的二进制位数 n_2 与输入模拟电压 U_i 成正比。只要 $u_i<U_R$，转换器就能将输入电压 u_i 转换为数字量从寄存器中输出。

【例 8-3】V-T 双积分 ADC 的 $U_R=-10V$，计数器为 12 位二进制加法计数器。已知时钟频率 $f_{cp}=1MHz$。求：

(1) 该 ADC 允许输入的最大模拟电压是多少？

(2) 当 U_i=6V 时，求输出的数字量。

(3) 已知输出的数字量为 $(4FF)_{16}$，求对应的输入电压 U_i。

解：(1) 因为只要 $U_i<U_R$，转换器就能将输入电压 U_i 转换为数字量从寄存器中输出，所以允许输入的最大模拟电压 U_{imax} 为

$$U_{imax}=|U_R|=|10|=10V$$

(2) 因为输入模拟电压与数字量成正比，是最小量化单位 LSB 的 N 倍，N 所对应的数字量即为转换结果。

$$U_{LSB}=\frac{U_{RE}}{2^n}=\frac{10}{2^{12}}V$$

当 U_i=6V 时，

$$N=\frac{U_i}{U_{LSB}}=\frac{6}{\dfrac{10}{2^{12}}}\approx(2458)_{10}=(100110011010)_2$$

(3) 输出的数字量为 $(4FF)_{16}$ 时，对应的输入电压 U_i 为

$$(4FF)_{16}=(1279)_{10}=(10011111111)_2$$

$$U_i=NU_{LSB}=\sum_{i=0}^{11}D_i2^i\times\frac{10}{2^{12}}=\sum_{i=0}^{11}(2^0D_0+2^1D_1+\cdots+2^{11}D_{11})\times\frac{10}{2^{12}}\approx3.12V$$

8.2.3　ADC 转换器的主要技术指标

ADC 转换器的主要技术指标有转换精度、转换速度等。

1. 转换精度

ADC 转换器的转换精度通常用分辨率和转换误差来描述。

1) 分辨率

ADC 的分辨率(也称分解度)是指对输入信号的分辨能力。ADC 的分辨率为输出最低位(LSB)变化一个数码对应输入模拟量的变化量。一般以输出二进制(或十进制)数的位数表示。在最大输入电压一定时，输出位数越多，分辨率越高。例如，ADC 输出为 n=8 位二进制数，输入信号最大值为 2V，那么这个转换器应能分辨出输入信号的最小电压 $\frac{2}{2^8}=7.81mV$。

2) 转换误差

转换误差是指 ADC 实际输出的数字量与理论输出数字量之间的差值。例如，相对误差≤±LSB/2，就表明实际输出的数字量和理论上应得到的输出数字量之间的误差小于最低位的一半。

2. 转换速度

转换速度是指 ADC 完成一次转换所需的时间。转换时间是指 ADC 从转换控制信号到来开始，到输出端得到稳定的数字信号所经过的时间。转换时间短，转换速度就高。ADC 的转换时间与转换电路的类型有关。不同类型的转换器转换速度相差甚远。其中并行比较 ADC 的转换速度最高，转换时间可达到 50ns 以内。逐次比较型 ADC 次之，它们多数转换

时间在 10~50s 以内，间接 ADC 的速度最慢，如双积分 ADC 的转换时间大都在几十毫秒至几百毫秒之间。

【例 8-4】 某信号采集系统要求用一片 ADC 转换集成芯片在 1s 内对 16 个热电偶的输出电压分时进行 ADC。已知热电偶输出电压范围为 0~0.025V(对应于 0~450℃温度范围)，需要分辨的温度为 0.1℃，试问应选择多少位的 ADC？其转换时间是多少？

解: 对于 0~450℃温度范围，信号电压为 0~0.025V，分辨温度为 0.1℃，这相当于 $\dfrac{0.1}{450} = \dfrac{1}{4500}$ 的分辨率。

而 12 位 ADC 的分辨率为 $\dfrac{1}{2^{12}} = \dfrac{1}{4096}$，因 $\dfrac{1}{4500} < \dfrac{1}{4096}$，所以必须选用 13 位的 ADC 转换器。

取样速率为 16 次/s，取样时间为 $\dfrac{1}{16}$ =62.5ms。对于这样慢速的取样，任何一个 A/D 转换器都可达到。

8.2.4 集成 ADC 及应用

集成 ADC 种类很多，其中逐次渐进型 ADC 较常见。ADC0809 是常见的集成 ADC。它是采用 CMOS 工艺制成的 8 位八通道 ADC，采用逐次逼近型 ADC，适用于分辨率较高而转换速度适中的场合。ADC0809 的结构框图及管脚排列如图 8.19 所示。它由 8 路模拟开关、地址锁存与译码器、ADC、三态输出锁存缓冲器组成。

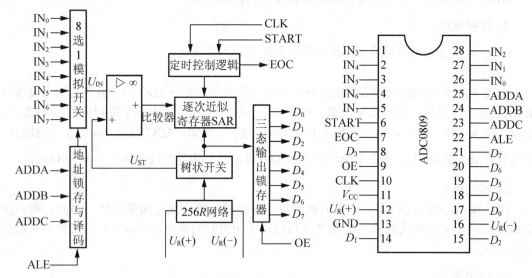

图 8.19 ADC 0809 的结构框图及管脚排列

1．DAC 内部结构和引脚功能

各引脚的名称和功能如下：

START(1)：启动脉冲信号输入端。当需启动 A/D 转换过程时，在此端加一个正脉冲，脉冲的上升沿将所有的内部寄存器清零，下降沿时开始 A/D 转换过程。

$IN_0 \sim IN_7$(26)~(28)、(1)~(5)：8 路单端模拟输入电压的输入端。

EOC(7)：转换结束信号，高电平有效。在 START 信号上升沿之后 1~8 个时钟周期内，EOC 信号输出变为低电平，标志转换器正在进行转换，当转换结束，所得数据可以读出时，EOC 变为高电平，作为通知接收数据的设备取该数据的信号。

$D_0 \sim D_7$(17)、(14)、(15)、(8)、(18)~(21)：转换器的数码输出线，D_7 为高位，D_0 为低位。

OE(9)：输出允许信号，高电平有效。当 OE=1 时，打开输出锁存器的三态门，将数据送出。

CLK(10)：时钟脉冲输入端。

V_{CC}(11)：电源电压。

U_R(+)(12)、U_R(-)(16)：基准电压的正、负极输入端。由此输入基准电压，其中心点应在 $V_{CC}/2$ 附近，偏差不应超过 0.1V。

GND(13)：为芯片数字电路接地点。

ALE(22)：地址锁存允许信号，高电平有效。当 ALE=1 时，将地址信号有效锁存，并经译码器选中其中一个通道。

ADDA(25)、ADDB(24)、ADDC(23)：模拟输入通道的地址选择线。

2．DAC0809 应用

在现代过程控制及各种智能仪器和仪表中，为采集被控对象数据以达到由计算机进行实时检测、控制的目的，常用单片机或微处理器与 ADC 组成数据采集系统。图 8.20 和图 8.21 分别是 ADC0809 与 8051 和微处理器的一个接口电路。

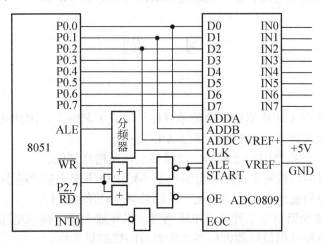

图 8.20　ADC 0809 与 8051 接口电路

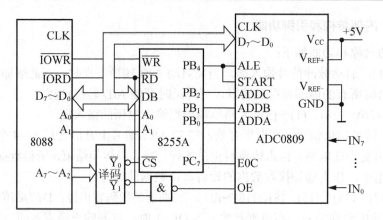

图 8.21 ADC0809 与 8088 接口电路

本 章 小 结

(1) 把数字信号转换成模拟信号的电路称为数/模(D/A)转换，又可称为 DAC。它的主要指标有分辨率、转换精度和转换时间。

(2) 把模拟信号转换成数字信号的电路称为模/数(A/D)转换，又可称为 DAC。它的主要指标有分辨率和转换时间。

(3) 模/数转换器的转换步骤是采样、保持、量化、编码。在采样时，采样频率 f_s 和输入信号最大频率 f_{imax} 之间的关系是：$f_s \geqslant 2f_{imax}$。模/数转换器主要有并行比较型、逐次逼近型和双积分型。

(4) D/A 转换器按其电路形式分为权电阻网络、倒 T 形电阻网络等多种。其中，以倒 T 形电阻网络应用较广。

(5) A/D 转换器典型电路有逐次比较型、双积分型等。

习 题

一、判断题

1. 权电阻网络 D/A 转换器的电路简单且便于集成工艺制造，因此被广泛使用。(　　)

2. 模拟电量送入数字电路之前，须经 A/D 转换。(　　)

3. 计数式 A/D 转换器中的计数器位数越多，转换精度越低。(　　)

4. D/A 转换器的位数越多，能够分辨的最小输出电压变化量就越小。(　　)

5. A/D 转换中的采样、保持、量化、编码必须分开单独进行。(　　)

6. 一般 D/A 转换器由电子开关、电阻网络、求和放大器、标准电压组成。(　　)

7. 最小量化单位是指最低数据位变化所对应的模拟量变化。(　　)

8. 一个无符号 8 位数字量输入的 DAC，其分辨率为 8 位。(　　)

9. D/A 转换器的最大输出电压的绝对值可达到基准电压 U_{REF}。(　　)

10. D/A 转换器的位数越多，转换精度越高。(　　)

二、填空题

1. 将数字信号转换为模拟信号应采用_____转换器。

2. 将模拟信号转换为数字信号应采用_____转换器。

3. 由于数字电路只能_____、数字信号，所以要将模拟信号转换为_____。

4. 计数式 A/D 转换器比逐次渐进式 A/D 转换器的转换速度_____。

5. _____和_____是衡量 A/D、D/A 转换器性能优劣的主要指标。

三、选择题

1. 对电压、频率、电流等模拟量进行数字处理之前，必须将其进行( )。

   A．D/A 转换   B．A/D 转换   C．直接输入   D．随意

2. D/A 转换器的转换精度通常以( )。

   A．分辨率形式给出   B．线性度形式给出

   C．最大静态转换误差的形式给出   D．以上答案均可

3. A/D 转换过程 4 个步骤的顺序是( )。

   A．采样、保持、量化、编码

   B．编码、量化、保持、采样

   C．采样、编码、量化、保持

   D．量化、编码、保持、采样

4. D/A 转换器实质上相当于一个( )。

   A．电阻网络   B．受数字量控制的二进制电阻网络

   C．权电阻网络   D．受模拟量控制的二进制电阻网络

四、综合题

1. 简述 T 形电阻网络 D/A 转换器的主要组成部分。

2. A/D 转换的主要步骤是什么?什么叫量化。

3. 一个 8 位 D/A 转换器的最小输出电压增量为 0.02V，当输入代码为 01001101 时，输出电压 U_o 为多少伏?

4. 4 位权电阻 D/A 转换器的原理框图如图 8.22 所示，当输入数字量从 0000 变到 1111 时，试分析输出电压 U_o 的变化范围。

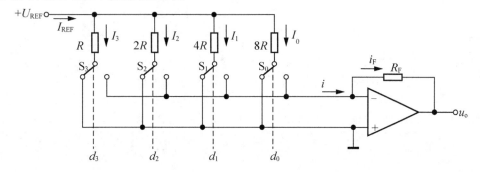

图 8.22 D/A 转换器原理框图

5. 一个 8 位逐次比较型 ADC，设 DAC 的参考电压 $U_{REF}=-12V$，如输入的模拟电压为 $u_i=8.54V$，试说明转换过程并计算出转换结果。

6. V-T 双积分 ADC 的 $U_R=-12V$，计数器为 12 位二进制加法计数器。已知时钟频率 $f_{cp}=2MHz$。求：

(1) 该 ADC 允许输入的最大模拟电压是多少？

(2) 当 $U_i=6V$ 时，求输出的数字量。

(3) 已知输出的数字量为 $(4FF)_{16}$，求对应的输入电压 U_i。

21世纪高职高专电子信息类实用规划教材

第 9 章

数字系统分析与设计

教学目标

- 理解数字系统的基本概念
- 熟悉数字系统自顶向下的设计方法
- 掌握数字系统设计的描述

本章通过对数字系统基本概念的介绍，传统设计方法与现代设计方法的比较，并通过十字路口红绿灯数字系统的分析与设计，进一步巩固数字系统分析与设计的基本方法。

9.1 数字系统的基本概念

当前，随着数字技术的快速发展，在日常生产、生活、学习、教学、科研等各个领域中，大到复杂的计算机控制系统，小到学习生活中的各类家用电器，从第一代 GSM 手机到今天的各种智能手机，加之在国防、智能机器人、医用设备的研究等，随处都可见到数字技术的应用。

9.1.1 数字系统

通过前面各章节的学习，对常用数字基本部件，如各种门电路、加法器、比较器、编码器、译码器、数据选择器、数据分配器、计数器、移位寄存器、存储器等已经有了一定的掌握和了解，它们在功能上比较单一，如能够完成加法运算、数据比较、编码、译码、数据选择、计数、数据存储等功能。把这些能够执行某种单一功能的电路称为基本逻辑功能部件级电路。而把由若干基本逻辑功能部件级电路构成的、能够实现数据存储、传送和处理，并按照一定程序操作功能的电路称为数字系统(Digital System)。数字密码锁、计算机等都是典型的数字系统。

9.1.2 数字系统的基本组成

如图 9.1 所示，一个数字系统(DS)通常由输入电路、控制电路、受控电路、时基电路、输出电路组成。其中，控制电路是整个系统的核心。

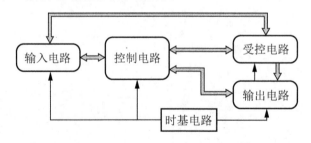

图 9.1 数字系统的基本组成框图

1. 输入电路

输入电路的功能是将各种外部信号(包括模拟信号如声音、温度等和数字信号如开关的通和断等)引入数字系统后供控制电路加以处理。

2. 控制电路

控制电路是数字系统的核心，又常被称为控制器或控制单元。它根据时钟信号和受控电路送回的信号进行综合分析处理后，发出控制信号去控制和管理输入、输出电路及受控电路，使整个数字系统协调、有条不紊地工作。

3. 时基电路

时基电路的作用是产生各种时钟信号，用来保障数字系统在时钟信号作用下按照一定的顺序完成对应的控制操作。

4. 受控电路

受控电路是数字系统的数据存储与处理单元，数据的存储、传送和处理均在数据子系统中进行。它从控制单元接收控制信息，并把处理过程中产生的状态信息反馈给控制单元。由于它主要完成数据处理功能且受控制器控制，因此也常常把它叫作数据处理器。

5. 输出电路

输出电路将经过处理之后的信号(模拟信号或数字信号)推动执行机构(扬声器、数码管等)。

数字系统和功能部件之间区别的一个重要标志是看有无控制器。凡是有控制器且能按照一定程序进行操作的，不管其规模大小，均称为数字系统。例如，数字密码锁，虽然仅由几片 MSI 器件构成，但因其中有控制电路，所以应该称为数字系统。而没有控制器、不能按照一定程序进行操作的，不论其规模多大，只作为一个功能部件来对待。例如，存储器，尽管其规模很大，存储容量可达数兆字节，但因其功能单一、无控制器，只能称为功能部件。

9.1.3　数字系统设计方法

数字系统设计有多种方法，通常可分为传统设计方法和现代设计方法。

1. 传统设计方法

传统的数字系统设计是基于原理图描述，采用试凑设计法对数字系统进行设计。试凑设计就是用试探的方法按照题目给定的功能要求，选择若干模块或功能部件来拼凑一个数字系统。这种设计方法用真值表、卡诺图、逻辑方程、状态转换表和状态转换图来描述系统的逻辑功能，以原理图来表达设计思想，由通用逻辑器件来搭成电路板，通过对电路板原理图的设计来实现系统功能。

设计人员首先确定可用的元器件；然后根据这些器件进行单元模块的逻辑设计；完成各模块后，进行模块之间的连接而形成系统；最后经调试、测试，观察并验证整个系统是否达到预期的性能指标。

传统设计方法的不足之处在于，采用自底向上的设计方法，缺乏对系统整体的规划和性能的把握；采用通用逻辑器件进行设计，其设计的灵活性差，需要的器件种类多、数量大，导致所设计的系统体积大、功耗高、可靠性差；设计方法没有明显的规律可循，主要是凭借设计者对逻辑设计的熟练技巧和经验来构思方案，划分模块，选择器件，拼接电路，给系统设计带来了一定的盲目性；试凑设计法适用于小型数字系统的设计，对于复杂的数字系统，这种设计方法就不再适用。

在前面有关章节中已经提及试凑设计方法的学习，这里不再重复。

2. 现代设计方法

随着 EDA 技术的发展和普及，使得数字系统的设计发生了革命性的变化，传统的设计方法已逐步退出历史舞台，而现代设计方法正在成为数字系统设计的主流。目前所流行的现代数字系统设计是一种基于芯片的设计方法，它以硬件描述语言来表达设计思想，利用 EDA 工具，通过对芯片的设计来实现系统功能。现在系统设计方法中经常使用的是自顶向下(Top-Down)的设计方法。自顶向下的设计方法是从整体系统功能出发，按一定原则将系统划分为若干子系统，再将每个子系统分为若干功能模块，再将每个模块分成若干较小的模块，直至分成多基本模块实现。

现代数字系统设计方法的优点在于，基于 PLD 硬件和 EDA 工具的支持，采用自顶向下的设计方法，采用逐级仿真技术，以便及早发现问题，修改设计方案；适合多人多任务的并行工作等。

9.2 十字路口交通灯控制系统设计

随着我国人民的生活水平日渐提高，私家汽车进入老百姓家庭的数量是与日俱增，再加上出租车、公交车等车辆的数量之大，这就不仅要求道路要越来越宽，而且使得交通管理系统的人力资源不足和车辆数量的剧增形成了显著的矛盾。而在当今生活中的十字路口的交通灯的自动指挥，为行人和各种车辆的安全运行提供了很好的服务，确保十字路口的行人和车辆顺利、畅通地通过，最大限度地保护着每位公民的人身安全。

9.2.1 系统功能与使用要求

设计一个十字路口的交通信号灯控制电路，4 个路口安装红、黄、绿灯各一盏(示意图如图 9.2 所示)。用来指挥各种车辆和行人安全通行，实现十字路口的自动化交通管理。具体功能要求如下。

(1) 十字路口的信号灯交替点亮和熄灭，并且用 LED 数码管递减显示时间。

(2) 要求南北方向车道和东西方向车道两条交叉道路上的车辆交替运行，且通行时间相等。

(3) 绿灯亮时，准许车辆通行，但转弯的车辆不得妨碍被放行的直行车辆、行人通行；黄灯亮时，已越过停止线的车辆可以继续通行；红灯亮时，禁止车辆通行。在绿灯转为红灯时，要求黄灯先亮，才能变换运行车道。

(4) 运行时间为绿灯点亮(递减)85s，当时间为 0 时，绿灯熄灭，同时黄灯闪亮(递减)5s后熄灭，红灯点亮，红灯点亮的时间为 90s，同时另一方向的绿灯点亮。

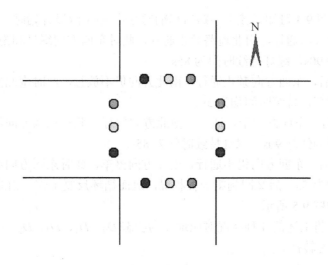

图 9.2　十字路口交通信号灯示意图

9.2.2　总体方案设计

根据上述十字路口红绿灯的功能和使用要求，设绿灯的点亮时间为 t_G，红灯点亮时间未 t_R，黄灯闪亮时间为 t_Y，则可简易画出该系统的计数器与交通灯的亮灭关系如图 9.3 所示。从图 9.3 中可以明显地看出，$t_Y = t_R + t_G$。

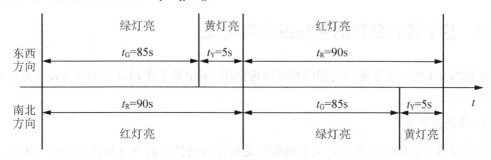

图 9.3　计数器与交通灯的亮灭关系

要实现上述交通信号灯的自动控制，则要求控制电路由信号发生器、计数器、控制电路、信号灯译码驱动电路和七段数码管显示译码驱动电路等几部分组成，信号灯电路的原理框图如图 9.4 所示。

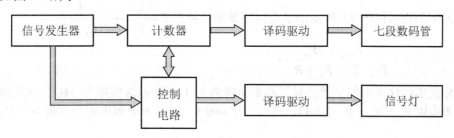

图 9.4　十字路口交通信号灯原理框图

根据图9.3及图9.4可知，该十字路口车辆通行状况如下(设开始时东西方向通行)。

状况一：东西方向通行，南北道路禁止通行，此时东西方向绿灯和南北方向红灯点亮，红灯将持续时间为90s，绿灯持续时间为85s。

状况二：85s后，东西方向禁止通行，南北方向仍不放行，此时南北方向红灯持续点亮而东西方向黄灯闪亮，持续时间均为5s。

状况三：5s后，东西方向禁止通行，南北方向放行，此时东西方向红灯和南北方向绿灯点亮，持续时间为红灯90s，绿灯持续时间为85s。

状况四：85s后，东西方向仍不通行，南北方向停车，此时东西方向红灯和南北方向黄灯亮，持续时间均为5s。后又回到第一种状况，进而循环反复工作。由此可画出这4种状况的转换关系，如图9.5所示。

为方便起见，将上述的4种状况对应地设为状态 D_0、D_1、D_2、D_3，则可以得到对应的如图9.5所示的状态转换。

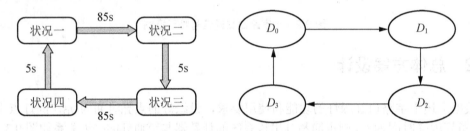

图9.5　十字路口交通信号灯状态转换图

9.2.3　基于逻辑部件的系统设计与实现

根据图9.4所示十字路口交通信号灯原理框图，采用基于逻辑部件的系统设计来逐级实现之。

1. 信号发生器

在红绿灯交通信号系统中，大多数情况是通过自动控制的方式指挥交通的。因此，为了避免意外事件的发生，电路必须有一个稳定的时钟信号来保证系统正常运作。为了降低成本，在此选择在第6章学过的555振荡器来作为交通信号灯系统的时钟信号发生器。

通过在第6章的学习，知道555是一种中规模集成电路，只要外部配上适当阻容元件，就构成振荡器。555构成的占空比和频率可调多谐振荡器及波形如图9.6所示。

由式(6-7)则可得图9.6所示的多谐振荡器振荡频率 $f = \dfrac{1}{T} = \dfrac{1}{0.7(R_A + R_B)C}$

占空比为 $q = \dfrac{t_W}{T} = \dfrac{t_充}{T} = \dfrac{R_A}{R_A + R_B}$。

又根据实际使用中的交通信号灯的变化周期为1s，即振荡频率为1Hz，在此调节可变电阻使得电阻 $R_A = R_B = R = 1.5\text{k}\Omega$，则占空比 $q=0.5$。同时可求得电容的容量为 $0.47\mu\text{F}$。

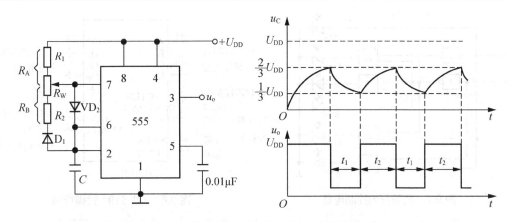

图 9.6　555 构成的占空比和频率可调的多谐振荡器及波形

2. 信号灯的控制电路

控制电路的 4 种状态用来分别控制东西和南北方向的红(R)、黄(Y)、绿(G)灯的点亮与熄灭。设灯点亮为 1，灯熄灭为 0，则信号灯控制电路的真值表如表 9.1 所示。

表 9.1　信号灯控制电路的真值表

控制电路			东西(DX)方向			南北(NB)方向		
状态	Q_B	Q_A	R_{DX}	G_{DX}	Y_{DX}	R_{NB}	G_{NB}	Y_{NB}
D_0	0	0	0	1	0	1	0	0
D_1	0	1	0	0	1	1	0	0
D_2	1	0	1	0	0	0	1	0
D_3	1	1	1	0	0	0	0	1

由信号灯控制电路的真值表，可求出信号灯的逻辑式并化简，则有

$$R_{DX}= Q_B \qquad G_{DX}= \overline{Q_B}\,\overline{Q_A} \qquad Y_{DX}= \overline{Q_B}\cdot Q_A$$
$$R_{NB}= \overline{Q_B} \qquad G_{NB}= Q_1\cdot \overline{Q_A} \qquad Y_{NB}= Q_B\cdot Q_A$$

将上述的逻辑表达式转换为逻辑电路如图 9.7 所示。

3. 计数器

计数器是根据东西车道和南北车道车辆运行时间进行 90s、85s、5s 的计数，在此选择具有加/减同步计数功能的 74LS191，其功能如表 9.2 所示。其管脚排列如图 9.8 所示。

表 9.2　74LS191 功能表

输　　　　入								输　　出			
LOAD	CTEN	$\overline{U/D}$	CLK	A	B	C	D	Q_A	Q_B	Q_C	Q_D
1	0	1	↑	×	×	×	×	减　法			
1	0	0	↑	×	×	×	×	加　法			
0	×	×	×	D_a	D_b	D_c	D_d	D_a	D_b	D_c	D_d
1	1	×	×	×	×	×	×	保　持			

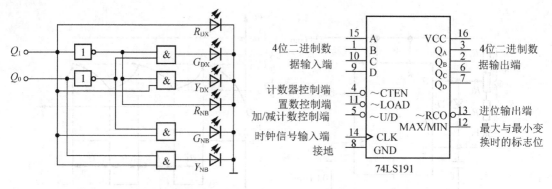

图 9.7 信号灯的控制电路   图 9.8 74LS191 管脚排列

根据交通信号灯在实际中的使用情况,将显示部分采用减法计数(即将 U/D 设置成高电平即可)。显示器件采用共阴极的十六进制七段数码管,选择十六进制七段数码管的优点在于无须专门设置译码驱动电路,而可以直接接至 74LS191 的 4 位二进制数据输出端。在总体设计中知道南北方向和东西方向的红灯点亮时间均为 90s,故可以在 74LS191 的 4 位二进制数据输入端 $\overline{CTEN}$ 置入十进制数 89(对应二进制数为 10001001),并将对应为 1 的位通过"与非"门反馈给置数控制端 $\overline{LOAD}$,当减法计数器从 89 递减到 0 时,经 $\overline{LOAD}$ 会将 $\overline{CTEN}$ 端置入十进制数 89(对应二进制数为 10001001)送给 4 位二进制输出端($Q_DQ_CQ_BQ_A$),在下一个秒脉冲到来时,计数器又从 89 开始做每次一秒的递减计数,开始新一轮循环。

计数器在控制器进入状态 D_0 时开始 90s 递减计数;当递减到 5s 后产生控制信号,并向控制器发出状态转换信号,控制器进入状态 D_1,计数器开始 5s 计数;5s 后又产生控制信号,并向控制器发出状态转换信号,使计数器置数,主控制器进入状态 S_2,计数器又开始 90s 计数;当递减到 5s 后产生控制信号,又向主控制器发出状态转换信号,主控制器进入状态 D_3,计数器又开始 5s 计数;5s 后同样产生控制信号,并向主控制器发出状态转换信号,又使计数器置数到 89,控制器又回到状态 D_0。

计数器及数码显示电路如图 9.9 所示,此图是在 Multisim 中仿真得到的。

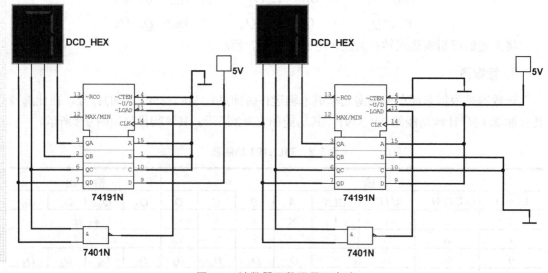

图 9.9 计数器及数码显示电路

4. 控制电路

根据图 9.5 所示的十字路口交通灯的 4 种状态可知，要实现其控制功能，需选择一种能提供 4 种状态的控制功能的电路即可。在此选择 74LS192，其功能与 74LS191 相同，管脚排列如图 9.10 所示。

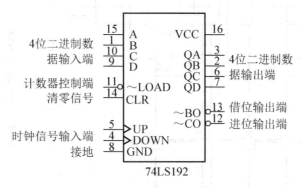

图 9.10　74LS191 管脚排列

根据其功能表，设置 DOWN$=\overline{\text{LOAD}}=1$，CLR$=A=B=C=D=0$，来自计数器的控制信号接至 UP 端，则此时的 74LS192 构成的为加法十进制计数器。又因在总体设计时的东西和南北方向的运行时间相等，故 74LS192 无须特别置数，将 4 位二进制输出端 $Q_D Q_C Q_B Q_A$ 的低两位 $Q_B Q_A$(在 74LS192 为十进制计数器时，$Q_B Q_A$ 始终按照 00、01、10、11 循环变化)的 4 种状态为交通信号灯的控制输入端，恰好实现了总体设计中提出的要求。

在 Multisim 中仿真得到的 74LS192 构成的十进制加法计数器电路如图 9.11 所示。

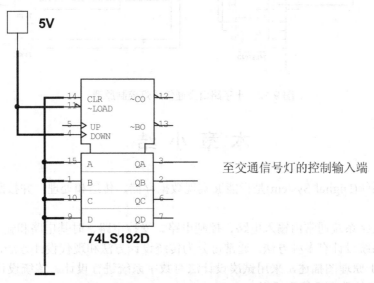

图 9.11　74LS192 构成的十进制加法计数器及交通信号灯的控制端

根据设计各部分功能，在 Multisim 仿真软件中画出十字路口交通信号灯控制原理如图 9.12 所示，其在总体设计中的各部分功能及总体功能都得到了完整的验证。

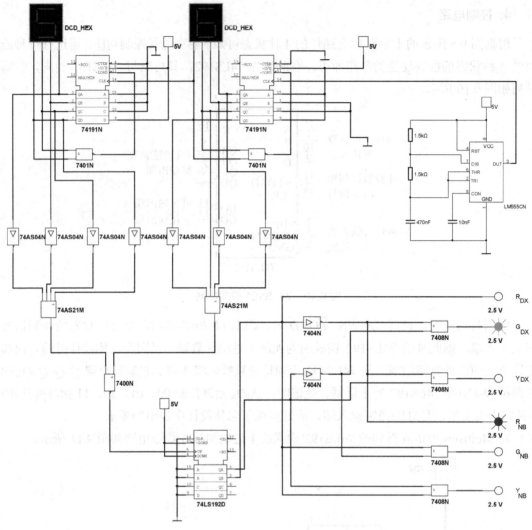

图 9.12　十字路口交通信号灯控制原理

本 章 小 结

(1) 数字系统(Digital System)是指能够实现数据存储、传送和处理，并按照一定程序操作功能的电路。

(2) 一个数字系统通常由输入电路、控制电路、受控电路、时基电路和输出电路组成。

(3) 数字系统设计有多种方法，通常可分为传统设计方法和现代设计方法，传统的数字系统设计是基于原理图描述，采用试凑设计法对数字系统进行设计。传统设计方法的不足之处在于对复杂的数字系统不适用。

(4) 现在系统设计方法中经常使用的是自顶向下(Top-Down)的设计方法。自顶向下的设计方法是从整体系统功能出发，按一定原则将系统划分为若干子系统，再将每个子系统分为若干功能模块，再将每个模块分成若干较小的模块……直至分成多个基本模块实现。

习　　题

一、简答题

1．什么是数字系统？试列举生活中的数字系统实例。

2．数字系统主要由哪些部分组成？其中数字系统的核心是哪一部分？

3．自顶向下的设计方法的基本步骤是什么？

二、设计题

1．某广场有一种 3 种颜色的彩色艺术灯，它的艺术图案由 3 种颜色交替变换实现，绿色亮 15s，红色亮 10s，蓝色亮 5s，并循环运转，试设计这种灯的控制系统。

2．试采用基于数字系统设计方法设计一个数字钟系统。要求：

(1) 设计一个按 24 小时制的具有"时"、"分"、"秒"的十进制数字显示的计时器。

(2) 具有手动校时、校分的功能。

(3) 具有正点报时功能。

3．设计一数字式抢答器，要求：

(1) 抢答器具有数码显示、锁存功能。

(2) 抢答器分为 8 路，优先抢答者按下本组对应的按钮后，该组即被锁存并显示到 LED 显示器上，同时封锁其他组号。

(3) 系统设置外部清除键。按下清除键，LED 上自动清零灭灯。

(4) 抢答器定时为 20s，即在 20s 内抢答有效，抢答后终止，若 20s 内无抢答，则此次抢答无效，并有暂短报时。

4．设计一个具有 8 位显示的电话按键显示器，显示器应能正确反映按键数字，显示器显示从低位向高位前移，逐位显示按键数字，最低位为当前显示位，8 位数字输入完毕后，电话接通，扬声器发出"嘟—嘟"接通声响，直到有接听信号输入，若一直没有接听，10s后，自动挂断，显示器清除显示，扬声器停止，直到有新号码输入。

参 考 文 献

[1] 阎石. 数字电子技术基础[M]. 5版. 北京：高等教育出版社，2008.

[2] 杨志忠. 数字电子技术[M]. 3版. 北京：高等教育出版社，2008.

[3] 李中发. 数字电子技术[M]. 2版. 北京：中国水利水电出版社，2007.

[4] 马安良. 电子技术[M]. 北京：中国水利水电出版社，2004.

[5] 汪红. 电子技术[M]. 2版. 北京：电子工业出版社，2007.

[6] 蒋卓勤. Multisim 2001及其在电子设计中的应用[M]. 西安：西安电子科技大学出版社，2003.

[7] 谢兰清，黎艺华. 数字电子技术项目教程[M]. 北京：电子工业出版社，2010.